Midjourney

AI绘画教程

prompt关键词训练
到效果出片

AIGC文画学院　编著

化学工业出版社
·北京·

内 容 简 介

对于 AI 绘画，关键词决定了出片的风格、质感、画幅等效果，那么，如何提炼生成图片的关键词呢？本书介绍了编写 ChatGPT 提示词的 5 个技巧、生成 AI 绘画关键词的 3 个方法。

Midjourney 生成图片也有 3 种方法，分别是以文生图、以图生图、混合生图，而具体出片的流程也有 4 种，比如通过关键词、从主到次、从外到内、从细节着手。

全书通过 11 章专题内容 +70 多个案例实操 +70 多集教学视频 +160 多个素材效果文件 +400 多张精美插图，一条龙全程式讲解，随书还赠送了 150 多个书中案例 AI 绘画关键词、162 页 PPT 教学课件、11 课电子教案、10000 多个 AI 绘画关键词等资源。

书中还介绍了 6 类抖音上火热的案例：摄影创作、LOGO 设计、漫画绘制、游戏设计、插画设计、变焦视频，帮助大家在案例实战中全面精通，成为 AI 绘画高手。

本书适合：一是对绘画与设计感兴趣的初学者；二是设计师、摄影师、插画师、漫画家、短视频博主、自媒体创作者、艺术工作者等人群；三是作为相关培训机构、职业院校的参考教材。

图书在版编目（CIP）数据

Midjourney AI绘画教程：prompt关键词训练到效果出片/AIGC文画学院编著.—北京：化学工业出版社，2024.4

ISBN 978-7-122-45050-0

Ⅰ.①M… Ⅱ.①A… Ⅲ.①图像处理软件—教材
Ⅳ.①TP391.413

中国国家版本馆CIP数据核字（2024）第046087号

责任编辑：吴思璇　李　辰　　　　　　　　封面设计：异一设计
责任校对：宋　玮　　　　　　　　　　　　装帧设计：盟诺文化

出版发行：化学工业出版社（北京市东城区青年湖南街13号　邮政编码100011）
印　　装：天津裕同印刷有限公司
710mm×1000mm　1/16　印张13¹/₂　字数283千字　2024年5月北京第1版第1次印刷

购书咨询：010-64518888　　　　　　　　售后服务：010-64518899
网　　址：http://www.cip.com.cn
凡购买本书，如有缺损质量问题，本社销售中心负责调换。

定　　价：78.00元

前　言

　　党的二十大报告指出，推动战略性新兴产业融合集群发展，构建人工智能等一批新的增长引擎，加快发展数字经济，促进数字经济和实体经济深度融合，打造具有国际竞争力的数字产业集群。

　　随着 AI 技术的迅猛发展，艺术领域也经历了一场革命性的变革。其中，AI在绘画领域的技术性突破对社会产生了广泛的影响，重新定义了创作的边界，拓展了艺术的表现形式，打破了常人对创作和艺术的传统认知。在这本书中，我们将以 AI 绘画与摄影、LOGO、漫画、游戏、插画、视频几个方面的结合，探索人工智能技术的奥秘。

　　本书通过理论＋实例的形式，介绍了 AI 绘画的技术背景、Midjourney（书中标题使用简写形式 MJ）和 ChatGPT 的基础操作方法、Midjourney 的绘画技巧、Midjourney 指令参数的使用技巧、4 种 AI 绘画效果出片的流程，以及 Midjourney 在摄影、LOGO、漫画、游戏、插画、视频中的应用，帮助读者顺利成为 AI 绘画师。

　　书中将使用全新的无限缩放功能与平移扩图功能，带领读者走进 AI 绘画的新世界大门，让绘画设计更具乐趣。本书讲解深入浅出，实战性强，旨在为广大读者提供一本全面、实用的绘画设计指南。无论是美术绘画的初学者，还是正在从事插画、设计、摄影、漫画等工作的人士，本书都将给您带来新的学习思路。

　　本书的特别提示如下。

　　（1）版本更新：在编写本书时，是基于当前各种 AI 工具和软件的界面截取的实际操作图片，但本书从编辑到出版需要一段时间，这些工具的功能和界面可能会有变动，请在阅读时，根据书中的思路举一反三进行学习。其中，ChatGPT为 3.5 版，Midjourney 为 5.2 版，剪映为 4.3.1 版本。

（2）关键词的使用：在 Midjourney 中，尽量使用英文关键词，对英文单词的格式没有太多要求，如首字母大小写不用统一、单词顺序不用太讲究等。但需要注意的是，每个关键词中间最好添加空格或逗号，同时所有的标点符号使用英文字体。最后再提醒一点，即使是相同的关键词，AI 工具每次生成的文案、图片或视频内容也会有差别。

本书由 AIGC 文画学院编著，参与编写的人员还有向航志、苏高等人，在此表示感谢。由于作者知识水平有限，书中难免有疏漏之处，恳请广大读者批评、指正，沟通和交流请联系微信：2633228153。

编　者

2023.11

目　录

【效果出片】

第1章 绘画入门：了解人工智能绘画

AI 绘画已经成了数字艺术的一种重要形式，它通过机器学习、计算机视觉和深度学习等技术，可以帮助艺术家快速地生成各种艺术作品，同时也为人工智能领域的发展提供了一个很好的应用场景。本章主要讲解 AI 绘画的基础知识，让用户对 AI 绘画技术更加了解。

1.1 了解AI绘画

人工智能（Artificial Intelligence，AI）绘画是数字化艺术的新形式，为艺术创作提供新的可能性。那么，什么是 AI 绘画呢？ AI 绘画又是怎样发展的呢？本节将从这两个问题出发介绍 AI 绘画，让大家对 AI 绘画"知其然"。

1.1.1 什么是 AI 绘画

AI 绘画是一种新型的绘画方式。人工智能通过学习人类艺术家创作的作品，并对其进行分类与识别，然后生成新的图像。只需输入简单的指令，就可以让 AI 自动生成各种类型的图像，从而创作出具有艺术美感的绘画作品，如图 1-1 所示。

图 1-1　AI 绘画效果

AI 绘画主要分为两步，首先是对图像进行分析与判断，然后再对图像进行处理和还原。

人工智能通过不断地学习，如今已经达到只需输入简单易懂的文字，就可以在短时间内得到一张效果不错的画面，甚至能根据使用者的要求来对画面进行改变和调整，如图 1-2 所示。

图 1-2 调整前后的画面对比

AI 绘画的优势不仅体现在提高创作效率和降低创作成本上，还在于为用户带来了更多的可能性。

1.1.2 AI 绘画的发展史

早在 20 世纪 50 年代，人工智能的先驱们就开始研究如何利用计算机产生视觉图像，但早期的实验主要集中在简单的几何图形和图案的生成方面。随着计算机性能的提高，人工智能开始涉及更复杂的图像处理和图像识别任务，如图 1-3 所示，研究者们开始探索将机器视觉应用于艺术创作。

图 1-3 AI 绘画复杂图像处理

直到生成对抗网络的出现，AI绘画的发展速度开始逐渐加快。随着深度学习技术的不断发展，AI绘画开始迈向更高的艺术水平。由于神经网络可以模仿人类大脑的工作方式，它们能够学习大量的图像和艺术作品，并将其应用于创作新的艺术作品当中。

如今，AI绘画的应用越来越广泛。除了绘画和艺术创作，它还可以应用于游戏开发、虚拟现实及三维建模等领域，示例如图1-4所示。同时，也出现了一些AI绘画的商业化应用，例如将AI生成的图像印制在画布上进行出售。

图1-4　使用AI绘画应用于3D建模效果

总之，AI绘画是一个快速发展的领域，在提供更高质量设计服务的同时，将全球的优秀设计师与客户联系在一起，为设计行业带来了创新性的变化，未来还有更多探索和发展的空间。

1.2　AI绘画的技术要点

AI绘画是由深度学习和生成对抗网络等技术驱动的，它可以产生各种风格和类型的艺术作品，具有快速、高效、自动化等特点。本节向读者介绍AI绘画与传统绘画的不同之处，以及AI绘画的技术原理和技术特点，帮助大家进一步了解并把握AI绘画。

1.2.1 AI 绘画与传统绘画的不同之处

AI 绘画通过算法来根据使用者输入的关键词生成图像，虽然表面上看起来跟传统绘画作品没有区别，但是 AI 绘画使用的是计算机程序和算法来模拟绘画过程，而传统的手工绘画则依赖于人的创造力和想象力。下面分别介绍这两者的特点，以及它们之间的差异，如图 1-5 所示。

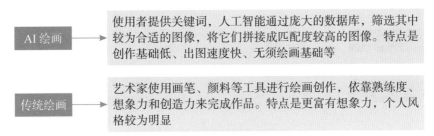

图 1-5 AI 绘画和传统绘画的特点

AI 绘画虽然能在短时间内出图，大大提高效率，但是在一些复杂的绘画任务上，例如描绘人物的表情、神态和情感等方面，AI 绘画的表现力还有所欠缺。

其次，人类艺术家的个人风格是 AI 难以模拟出来的，每一个艺术家都有自己独特的艺术风格和创作思路，这些都是需要日积月累的学习和练习才能获得的，而 AI 绘画通过数据库模拟和拼凑现有的数据样本，缺乏独特性和创意性。

1.2.2 AI 绘画的技术原理

AI 绘画技术基于深度学习和计算机视觉技术。下面将深入探讨 AI 绘画技术的原理，帮助大家进一步了解 AI 绘画，这有助于大家更好地理解 AI 绘画是如何实现绘画创作的，以及如何通过不断地学习和优化来提高绘画质量。

1. 数据收集模型训练

为了训练 AI 模型，需要收集大量的艺术作品样本，并进行标注和分类。这些样本包括绘画、照片和图片等。根据收集的数据样本，使用深度学习技术训练一个 AI 模型，训练模型时需要设置合适的超参数和损失函数来优化模型的性能。

一旦训练完成，AI 模型就可以生成绘画作品，生成图像的过程是基于输入图像和模型内部的权重参数进行计算的。

2. 生成对抗网络技术

生成对抗网络（Generative Adversarial Networks，GAN）是一种深度学习模型，它由两个主要的神经网络组成：生成器和判别器。GAN 的工作原理主要是通过生成器和判别器博弈来协同工作，最终生成逼真的新数据。

通过训练两个模型的对抗学习，生成与真实数据相似的数据样本，从而逐渐生成越来越逼真的艺术作品。GAN技术的优点在于它可以生成高度逼真的样本数据，并且可以在不需要任何真实标签数据的情况下训练模型。

GAN的工作原理可以简单概括为以下几个步骤，如图1-6所示。生成器和判别器可以不断地相互优化，最终生成逼真的样本数据。

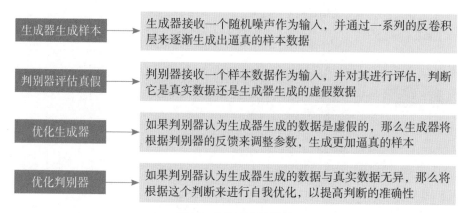

图1-6　GAN的工作原理

3. 卷积神经网络技术

卷积神经网络（Convolutional Neural Network，CNN）是一种用于图像、视频和自然语言处理等领域的深度学习模型。它通过模仿人类视觉系统的结构和功能，实现了对图像的高效处理和有效特征提取。卷积神经网络在AI绘画中起着重要的作用，主要表现在以下几个方面。

（1）卷积层：卷积层通过应用一系列的滤波器（也称为卷积核）来提取输入图像中的特征信息。每个滤波器会扫过整个输入图像，将扫过的部分与滤波器中的权重相乘并求和，最终得到一个输出特征图。

（2）激活函数：在卷积层输出的特征图中，每个像素的值代表了该位置的特征强度。为了加入非线性，一般会在特征图上应用激活函数。

（3）池化层：池化层用于降低特征图的分辨率，并提取更加抽象的特征信息。常用的池化方式包括最大池化和平均池化。

（4）全连接层：全连接层将池化层输出的特征图转换为一个向量，然后通过一些全连接层来对这个向量进行分类。

此外，CNN还可以通过卷积核共享和参数共享等技术来降低模型的计算复杂度和存储复杂度，使得它在大规模数据上的训练和应用变得更加可行。

4. 转移学习技术

转移学习又称为迁移学习（Transfer Learning），是一种利用深度学习模型将不同风格的图像进行转换的技术。具体来说，使用卷积神经网络（CNN）模型来提取输入图像的特征，然后使用风格图像的特征来重构输入图像，以使其具有与风格图像相似的风格。下面具体讲解转移学习技术是如何实现的。

（1）收集数据集：为了训练模型，需要收集一组输入图像和一组风格图像。

（2）预处理数据：对数据进行预处理，例如将图像缩放为相同的大小和形状，并进行归一化和标准化。

（3）训练模型：使用 CNN 模型和转移学习技术，训练模型学习如何将输入图像转换为具有风格图像风格的图像。

（4）测试和评估：测试模型的性能，并使用评估指标来评估模型的质量，可以使用不同的评估指标。

（5）部署模型：将模型部署到应用程序中，以对新的输入图像进行转换。

转移学习在许多领域都有广泛的应用，例如计算机视觉、自然语言处理和推荐系统等。

5. 图像分割技术

图像分割技术是指将一幅图像分解成若干个独立的区域，每个区域都表示图像中的一部分物体或背景。该技术可以用于图像理解、计算机视觉、机器人和自动驾驶等领域。下面介绍实现图像分割技术的方法。

（1）收集数据集：为了训练模型，需要收集一组包含标注的图像。

（2）预处理数据：对数据进行预处理，例如将图像缩放为相同的大小和形状，并进行归一化和标准化。

（3）训练模型：使用 CNN 模型和图像分割技术，训练模型学习如何将图像分为不同的区域。

（4）测试和评估：测试模型的性能，并使用评估指标来评估模型的质量。可以使用不同的评估指标。

（5）部署模型：将模型部署到应用程序中，以对新的图像进行分割。

在 AI 绘画中，图像分割技术可以用于将艺术作品中的不同部分进行精细化处理，例如对一个人物的面部进行特殊的处理。

在实际应用中，基于深度学习的分割方法往往能够表现出较好的效果，尤其是在语义分割等高级任务中。同时，对于特定领域的图像分割任务，如医学影像分割，还需要结合领域知识和专业的算法来实现更好的效果。

6. 图像增强技术

图像增强技术是指利用计算机视觉技术对一张图像进行处理，使其更加清晰、亮丽。这种技术可以用于照片、视频、医学影像等各种领域。以下是常见的几种图像增强方法，如图1-7所示。

风格迁移	将一张图像的风格迁移到另一张图像上，从而得到一张具有相同风格的图像
灰度变换	对图像的灰度级进行线性或非线性的变换，以改变图像的对比度和亮度
锐化增强	锐化增强是图像卷积处理实现锐化常用的算法，增强图像的边缘和细节，使图像更加清晰
色彩平衡	调整图像的色调、色温和色彩饱和度等参数，使图像的色彩更加均衡和鲜明
去除噪点	去除图像中的噪点，如脉冲噪声、高斯噪声等，以提高图像的清晰度和质量
增强对比度	通过调整图像的亮度和色彩饱和度等参数，增强图像的对比度，改善图像的视觉效果，使得图像中的主体更加突出

图1-7　常见的图像增强方法

1.2.3　AI绘画的技术特点

AI绘画具有快速、高效、自动化等特点，它的技术特点主要在于能够利用人工智能技术和算法对图像进行处理和创作，实现艺术风格的融合和变换，提升用户的绘画创作体验。AI绘画的技术特点包括以下几个方面。

1. 图像生成

AI绘画利用生成对抗网络、变分自编码器（Variational Auto Encoder，VAE）等技术生成图像，实现从零开始创作新的艺术作品。

2. 风格转换

AI绘画利用卷积神经网络等技术将一张图像的风格转换成另一张图像的风格，从而实现多种艺术风格的融合和变换。图1-8所示为用AI绘画创作的白鹭，左图为摄影风格，右图为油画风格。

图 1-8 利用 AI 创作的不同风格的白鹭画作

3. 自适应着色

AI 绘画利用图像分割、颜色填充等技术，让计算机自动为线稿或黑白图像添加颜色和纹理，从而实现图像的自动着色。

4. 图像增强

AI 绘画利用超分辨率（Super-Resolution）、去噪（Noise Reduction Technology）等技术，可以大幅提高图像的清晰度和质量，使得艺术作品更加逼真、精细。

★ 专家提醒 ★

超分辨率技术是通过硬件或软件提高原有图像的分辨率，通过一系列低分辨率的图像来得到一幅高分辨率的图像过程就是超分辨率重建。

去噪技术是通信工程术语，是一种从信号中去除噪声的技术。图像去噪就是去除图像中的噪声，从而恢复真实的图像效果。

5. 监督学习和无监督学习

AI 绘画利用监督学习（Supervised Learning）和无监督学习（Unsupervised Learning）等技术，对艺术作品进行分类、识别、重构、优化等处理，从而实现对艺术作品的深度理解和控制。

监督学习也称为监督训练或有教师学习，它是利用一组已知类别的样本调整分类器的参数，使其达到所要求性能的过程。

无监督学习是指根据类别未知（没有被标记）的训练样本解决模式识别中的各种问题。

1.3 AI绘画的应用场景

近年来，AI绘画得到了越来越多的关注和研究，其应用领域也越来越广泛，包括游戏、电影、动画、设计、模特等。AI绘画不仅可以用于生成各种形式的艺术作品，包括绘画、素描、水彩画、油画、立体艺术等，还可以用于自动生成艺术品的创作过程，从而帮助艺术家更快、更准确地表达自己的创意。总之，AI绘画是一个非常有前途的领域，将会对许多行业和领域产生重大影响。

1.3.1 应用场景1：游戏开发

AI绘画可以帮助游戏开发者快速生成游戏中需要的各种艺术资源，例如人物角色、背景等图像素材。下面是AI绘画在游戏开发中的一些应用场景。

（1）环境和场景绘制：AI绘画技术可以用于快速生成游戏中的背景和环境，例如城市街景、森林、荒野、建筑等，如图1-9所示。这些场景可以使用GAN生成器或其他机器学习技术快速创建，并且可以根据需要进行修改和优化。

图1-9　使用AI绘画技术绘制的游戏场景

（2）角色设计：AI绘画技术可以用于设计游戏中的角色，如图1-10所示。游戏开发者可以通过GAN生成器或其他技术快速生成角色草图，然后使用传统绘画工具进行优化和修改。

图 1-10　使用 AI 绘画技术绘制的游戏角色

（3）纹理生成：纹理在游戏中是非常重要的，AI 绘画技术可以用于生成高质量的纹理，例如石头、木材、金属等，如图 1-11 所示。

图 1-11　使用 AI 绘画技术绘制的金属纹理素材

（4）视觉效果：AI绘画技术可以帮助游戏开发者更加快速地创建各种视觉效果，例如烟雾、火焰、水波、光影等，如图1-12所示。

图 1-12　使用 AI 绘画技术绘制的水波效果

（5）动画制作：AI绘画技术可以用于快速创建游戏中的动画序列，如图1-13所示。AI绘画技术可以将手绘的草图转化为动画序列，并根据需要进行调整。

图 1-13　使用 AI 绘画技术绘制的动画序列

AI 绘画技术在游戏开发中有着很多应用，可以帮助游戏开发者高效生成高质量的游戏内容，从而提高游戏的质量和玩家的体验。

1.3.2 应用场景 2：电影和动画

AI 绘画技术在电影和动画制作中有着越来越广泛的应用，可以帮助电影和动画制作人员快速生成各种场景和进行角色设计，以及生成特效和进行后期制作，下面是一些具体的应用场景。

（1）前期制作：在电影和动画的前期制作中，AI 绘画技术可以用于快速生成概念图和分镜头草图，如图 1-14 所示，从而帮助制作人员更好地理解角色和场景，以及更好地规划后期制作流程。

图 1-14 使用 AI 绘画技术绘制的电影概念图

（2）特效制作：AI 绘画技术可以用于生成各种特效，例如烟雾、火焰、水波等，如图 1-15 所示。这些特效可以帮助制作人员更好地表现场景和角色，从而提高电影和动画的质量。

（3）角色设计：AI 绘画技术可以用于快速生成角色形象，如图 1-16 所示，通过角色形象可以帮助制作人员更好地理解角色，从而精准地塑造角色个性。

（4）环境和场景设计：AI 绘画技术可以用于快速生成环境和场景设计草图，

如图1-17所示，这些草图可以帮助制作人员更好地规划电影和动画的场景和布局。

图 1-15　使用 AI 绘画技术绘制的火焰特效

图 1-16　使用 AI 绘画技术绘制的漫画角色

图 1-17 使用 AI 绘画技术绘制的场景设计草图

（5）后期制作：在电影和动画的后期制作中，AI 绘画技术可以用于快速生成高质量的视觉效果，例如色彩修正、光影处理、场景合成等，如图 1-18 所示，从而提高电影和动画的视觉效果和质量。

图 1-18 使用 AI 绘画技术绘制的场景合成效果

AI绘画技术在电影和动画中的应用是非常广泛的，它可以加速创作过程、提高图像质量和创意创新度，为电影和动画行业带来了巨大的变革和机遇。

1.3.3 应用场景3：设计和广告

在设计和广告领域，使用AI绘画技术可以提高设计效率和作品质量，促进广告内容的多样化发展，增强产品设计的创造力和展示效果，以及提供更加智能、高效的用户交互体验。

AI绘画技术可以帮助设计师和广告制作人员快速生成各种平面设计和宣传资料，如广告海报、宣传图等图像素材，下面是一些典型的应用场景。

（1）设计师辅助工具：AI绘画技术可以用于辅助设计师进行快速的概念草图、色彩搭配等设计工作，从而提高设计效率和质量。

（2）广告创意生成：AI绘画技术可以用于生成创意的广告图像、文字，以及广告场景的搭建，从而快速地生成多样化的广告内容，如图1-19所示。

图1-19 使用AI绘画技术绘制的手机广告图片

（3）美术创作：AI绘画技术可以用于美术创作，帮助艺术家快速生成、修改或者完善他们的作品，提高艺术创作效率和创新能力，如图1-20所示。

图 1-20 使用 AI 绘画技术绘制的美术作品

（4）产品设计：AI 绘画技术可以用于生成虚拟的产品样品，如图 1-21 所示，从而在产品设计阶段帮助设计师更好地进行设计和展示，并得到反馈和修改意见。

图 1-21 使用 AI 绘画技术绘制的产品样品图

1.3.4　应用场景4：虚拟模特

利用 AI 绘画功能可以在短时间内生成逼真的虚拟模特形象。相比于安排真实模特的拍摄和制作过程，利用 AI 绘画功能生成虚拟模特形象更加快速，如图 1-22 所示，从而加快广告和时尚项目的创意和设计过程，降低人力成本。

the girl is in a gray top with black pants, in the style of light beige and beige, jules tavernier, light black and light beige, nouveau réalisme, bright hues, slumped/draped, minimalistic design --ar 10:15

图 1-22 使用 AI 绘画技术生成的虚拟模特

※ 本章小结

本章主要向读者介绍了 AI 绘画的相关基础知识，帮助读者了解了 AI 绘画的概念、AI 绘画的技术要点，以及 AI 绘画的应用场景。希望读者通过对本章的学习，能够更好地认识 AI 绘画。

※ 课后习题

鉴于本章知识的重要性，为了帮助读者更好地掌握所学知识，本节将通过课后习题，帮助读者进行简单的知识回顾和补充。

1. 简述你对 AI 绘画定义的理解。

2. 除了书中介绍的 AI 绘画应用场景，你还在哪些场景中见过 AI 绘画？

第 2 章　关键描述：AI 生成文案关键词

　　本章将重点向读者介绍运用 ChatGPT 生成 AI 绘画关键词的方法，让大家熟悉如何从关键词开始走进 AI 绘画。通过对本章内容的学习，读者将熟悉 ChatGPT 平台，以及熟练掌握使用 ChatGPT 生成关键词的方法。

2.1　掌握ChatGPT的3个用法

ChatGPT 作为一个聊天机器人，拥有生成文本的功能，这个功能可以满足用户获得 AI 绘画关键词的需求。本节将介绍 3 个用法，让大家快速掌握 ChatGPT 的用法。

2.1.1　初次生成关键词的方法

扫码看教学视频

登录 ChatGPT 后，将会打开 ChatGPT 的聊天窗口，此时即可开始进行对话，用户可以输入任何问题或话题，ChatGPT 将尝试回答并提供与主题有关的信息。下面介绍具体的操作方法。

步骤01 打开 ChatGPT 的聊天窗口，单击底部的输入框，如图 2-1 所示。

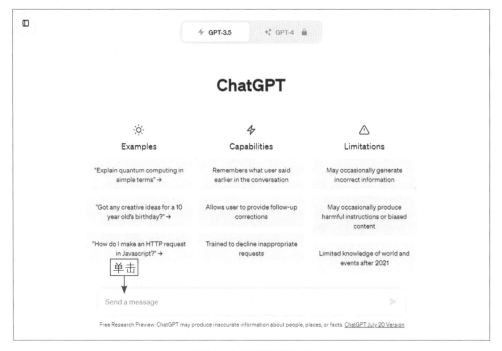

图 2-1　单击底部的输入框

步骤02 ❶ 输入提示词，如"请根据赛博朋克风格，提取出 5 个赛博朋克游戏风格关键词出来"；❷ 单击输入框右侧的发送按钮 ▶ 或按【Enter】键，如图 2-2 所示。

步骤03 稍等片刻，ChatGPT 即可根据要求生成关键词，如图 2-3 所示。ChatGPT 生成的关键词便是我们所需的 AI 绘画关键词。

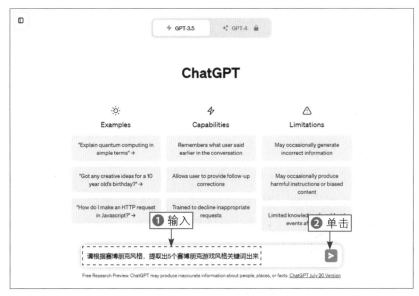

图 2-2　单击相应按钮

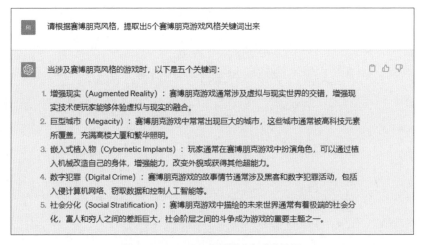

图 2-3　ChatGPT 根据要求生成关键词

2.1.2　生成有效关键词的方法

用户获得 ChatGPT 的回复之后可以对其进行简单的评估，评估 ChatGPT 的回复是否具有参考价值。若觉得 ChatGPT 的回复有参考价值，则可以单击文本右侧的复制 按钮，将文本复制出来，但这个按钮只支持文本内容复制，不支持表格格式复制；若觉得参考价值不大，可以单

扫码看教学视频

击输入框上方的 Regenerate response（重新生成回复）按钮，ChatGPT 将根据同一个问题生成新的回复。下面举例示范具体的操作方法。

步骤01 单击 New chat 按钮，如图 2-4 所示，新建一个聊天窗口。

图 2-4 单击相应的按钮（1）

步骤02 ❶ 在聊天输入框中输入新的提示词，如"请概括出梵高的绘画风格特征"；❷ 单击输入框右侧的发送按钮▶或按【Enter】键，如图 2-5 所示。

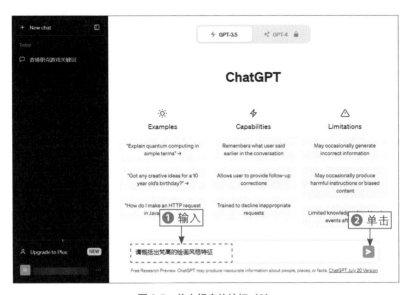

图 2-5 单击相应的按钮（2）

步骤03 稍等片刻，ChatGPT 即可按照要求生成回复，如图 2-6 所示。

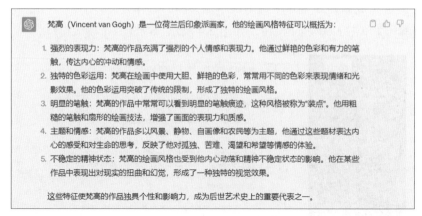

图 2-6　ChatGPT 按照要求生成回复

步骤04 单击输入框上方的 Regenerate response 按钮，如图 2-7 所示，让 ChatGPT 重新生成回复。

图 2-7　单击 Regenerate response 按钮

步骤05 稍等片刻，ChatGPT 会重新概括出梵高的绘画风格特征，如图 2-8 所示。可以看出，相比于第一次回复，ChatGPT 的第二次回复加入了一些新的内容，可以为用户提供更多 AI 绘画关键词。

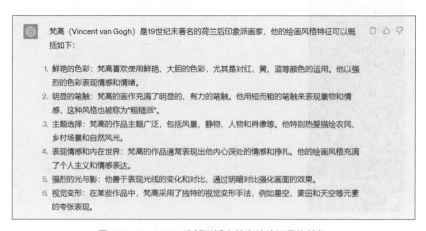

图 2-8　ChatGPT 重新概括出梵高的绘画风格特征

　　ChatGPT 对同一个问题的二次回复会进行"2/2"字样的标记，若第三次回复则会标记"3/3"。用户通过单击 Regenerate response 按钮可以让 ChatGPT 对同一个问题进行多次不同的回复，以获得更有效的 AI 绘画关键词。

2.1.3　对话窗口的管理方法

扫码看教学视频

　　在 ChatGPT 中，用户每次登录账号后都会默认进入一个新的聊天窗口，而之前建立的聊天窗口则会自动保存在左侧的导航面板中，用户可以根据需要对聊天窗口进行管理，包括新建、删除及重命名等。下面介绍具体的操作方法。

　　步骤01 打开 ChatGPT，单击任意一个之前建立的聊天窗口，如图 2-9 所示。

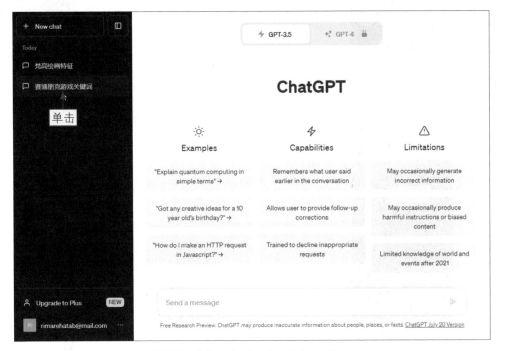

图 2-9　单击任意一个之前建立的聊天窗口

　　步骤02 执行操作后，单击聊天窗口名称右侧的✎按钮，如图 2-10 所示。

　　步骤03 执行操作后，即可呈现名称编辑文本框，❶ 在文本框中可以修改名称；❷ 单击✔按钮，如图 2-11 所示，即可完成聊天窗口的重命名操作。

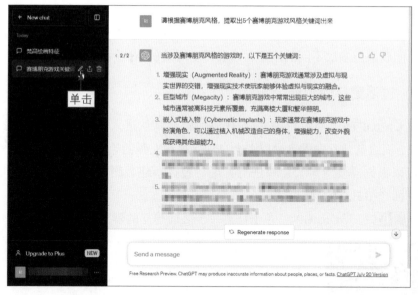

图 2-10　单击聊天窗口名称右侧的 ✎ 按钮

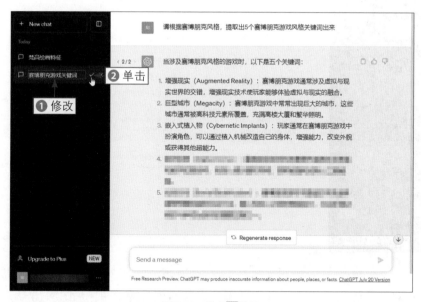

图 2-11　单击 ✔ 按钮

★ 专家提醒 ★

↥ 按钮表示将当前窗口生成的内容通过创建链接分享到社群；🗑 按钮表示将当前窗口删除。当用户单击 🗑 按钮时，是将整个对话窗口删除，因此为了避免误操作，ChatGPT 平台会弹出提示框询问用户是确认取消。

2.2 编写ChatGPT提示词的5个技巧

使用 ChatGPT 生成文本的关键在于用户提供的提示词（Prompt），因此用户若想要熟练地运用 ChatGPT 生成有效的 AI 绘画关键词，则需要先掌握一定的 ChatGPT 提示词编写技巧。本节将详细介绍 ChatGPT 提示词的编写技巧，让用户对 ChatGPT 的操作更加熟练。

2.2.1 提供实例参考

用户在向 ChatGPT 寻求 AI 关键词帮助时，可以提供一个具体的实例让其参考，ChatGPT 识别之后便可以生成可供用户参考的关键词。

例如，在 ChatGPT 的输入框中输入"画一只可爱小猫的 AI 绘画关键词是'tiny cute adorable ginger tabby kitten'，请根据这段关键词，给出画一只可爱小狗的 AI 绘画关键词"，得到 ChatGPT 的回复，如图 2-12 所示。

图 2-12　ChatGPT 根据实例给出的关键词参考

需要注意的是，向 ChatGPT 提供实例时，为获得有效的关键词，用户应提供正确的、可生成图像的示例。

再例如，在 ChatGPT 的输入框中输入"画一幅抽象画作的 AI 绘画关键词是'abstract image, Bauhaus style, 3D, phages, black, white, red and blue, 8K'，请分析这段关键词包含哪些要素"，让 ChatGPT 先熟悉关键词要素，如图 2-13 所示。

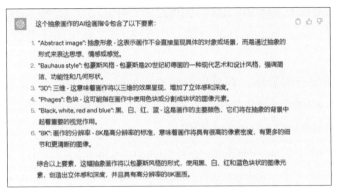

图 2-13　ChatGPT 先熟悉关键词要素

★ 专家提醒 ★

用户在给 ChatGPT 提供较为复杂的提示词时，可以先让 ChatGPT 熟悉提示词的要素、特征等，再让 ChatGPT 模仿示例生成有效的 AI 绘画关键词，这样做的好处是防止 ChatGPT 直接识别提示词出错，ChatGPT 在熟悉了范例之后再给出真正的关键词，这样给出的提示词更有参考价值。

接下来在 ChatGPT 的同一个对话窗口中继续输入提示词，如输入"请根据上述关键词，给出画一幅古典主义画作的 AI 绘画关键词，要带有古典主义画作的特征"，ChatGPT 会给出古典主义画作的 AI 绘画关键词，如图 2-14 所示。

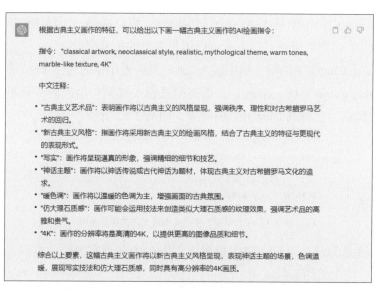

图 2-14　ChatGPT 给出古典主义画作的 AI 绘画关键词

2.2.2　模仿艺术风格

当用户需要带有艺术感的 AI 绘画作品时，可以建立模仿优秀画家、漫画家、影视导演、设计师等作品风格的思路，让 AI 绘画工具模仿优秀的艺术作品进行绘画。

尤其是涉及有故事感、有意境的绘画作品时，用户可以让 ChatGPT 生成模仿某一个艺术家的风格创作出故事，然后提炼出与故事对应的场景关键词，这些场景关键词即可作为 AI 绘画的关键词。

例如，用户让 ChatGPT 模仿艺术家的创作风格来创作故事，如输入"请模仿新海诚的风格，写一篇校园故事，要求 200 字左右"，得到的 ChatGPT 回复如图 2-15 所示。

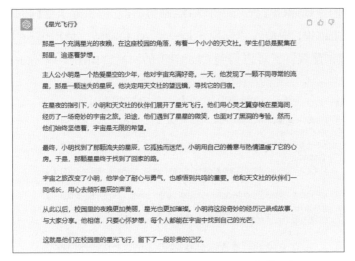

图 2-15　ChatGPT 模仿艺术家的创作风格创作故事

接着让 ChatGPT 将故事中的关键场景提炼出来，如输入"请根据上述故事，提取出 5 个可以呈现为影片的关键场景"，得到的 ChatGPT 的回复如图 2-16 所示。

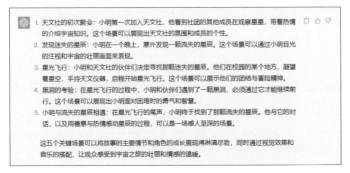

图 2-16　ChatGPT 将故事中的关键场景提炼出来

用户可以将 ChatGPT 提炼出来的关键场景作为 AI 绘画的关键词依次生成图像，最终组成连贯的漫画。

2.2.3　赋予特定身份

ChatGPT 以 GPT 语言模型为基底，可以充当各式各样的角色来生成回复，因此用户在与 ChatGPT 对话时，可以先赋予其身份，如让 ChatGPT 充当 AI 绘画师，对生成 ×× 类型的绘画给出关键词建议，ChatGPT 会生成更有参考价值的答案。

赋予 ChatGPT 身份，相当于给了 ChatGPT 一定的语言风格和话题内容方面的提示，让 ChatGPT 能够为接下来的对话做足准备。

例如，我们让ChatGPT充当一个AI绘画师，让它提供建筑绘画的关键词建议，那么可以在ChatGPT中输入"你现在是一位AI绘画师，请提供一些生成建筑艺术作品的关键词建议"，可以得到ChatGPT的回复，如图2-17所示。

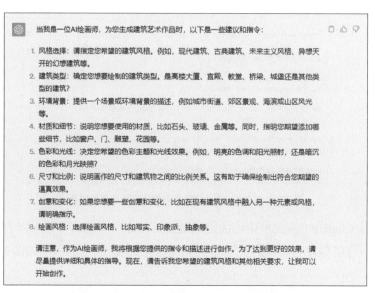

图2-17 ChatGPT提供建筑绘画的关键词建议

再例如，让ChatGPT充当一个AI绘画师，让它提供摄影作品的关键词建议，那么可以在ChatGPT中输入"你现在是一位AI绘画师，请提供一些生成摄影艺术作品的关键词建议"，ChatGPT的回复如图2-18所示。

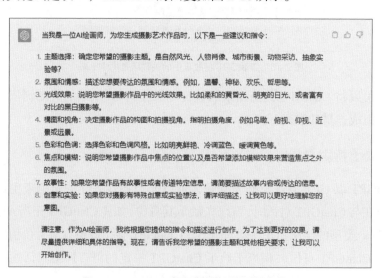

图2-18 ChatGPT提供摄影作品的关键词建议

2.2.4 提供种子词提示

种子词是指生成文章中需要包含的词。在提示词中加入种子词，可以帮助
ChatGPT 模型更快地提取到恰当的文本数据，从而生成更为有效的答案。例如，
在 ChatGPT 的输入框中输入"请根据以下种子词生成 AI 绘画关键词：专业摄影、
冷暖色调、干净简洁"，随后 ChatGPT 给出了 AI 绘画关键词的建议，如图 2-19
所示。

绘画指令：使用专业摄影作为灵感，创作一幅充满冷暖色调的绘画，着重表现干净简洁的氛围。

1. 调色板选择：
   - 使用冷色调（如蓝色、绿色、紫色等）和暖色调（如红色、橙色、黄色等）来营造视觉对比和情感表达。
2. 主题构思：
   - 选择一个简约而具有视觉吸引力的主题，例如现代城市风景、自然风光或室内静物。
3. 构图与布局：
   - 采用简洁的构图，避免过多细节的干扰，突出主题的特点和线条的流畅性。
   - 保持画面整洁，尽量避免复杂的元素和杂乱的背景。
4. 冷暖色调运用：
   - 将冷暖色调灵活地应用于不同部分，以突出主题的表现和情感的传递。
   - 冷色调可以用来表现冷静、深邃或寒冷的感觉，而暖色调则可以用来表现温暖、活力或温馨的氛围。

5. 光影处理：
   - 利用光影的变化来增强画面的层次感和空间感，使绘画更具现实感和立体感。
   - 考虑光源的位置和强度，以及光线在不同材质上的反射和折射效果。
6. 线条与细节：
   - 使用流畅而简洁的线条描绘主题，强调形状和轮廓的清晰性。
   - 注意细节的表现，保持适度的细节以增强观赏性，但不要让细节过多分散注意力。
7. 技法和材料：
   - 根据自己的绘画风格和擅长的媒介选择合适的技法和材料。
   - 如果使用数字绘画，可以尝试使用图层和滤镜来调整色调和渲染效果。
8. 最后的润色：
   - 完成绘画后，仔细审视整个作品，检查是否符合干净简洁的要求。
   - 如果有必要，进行最后的润色和调整，确保画面的整体效果达到预期的效果。

在创作过程中，保持专注和耐心，不断尝试和调整，直至达到满意的结果。同时，也可以参考其他艺术家的作品和风格，吸收有益的创作灵感。

图 2-19　ChatGPT 根据种子词给出 AI 绘画关键词的建议

还可以优化 ChatGPT 提示词，加入具体的绘画工具。如在 ChatGPT 的输入
框中输入"请根据以下种子词提供可以运用 Midjourney 生成图像的 AI 绘画关键
词。种子词如下：专业摄影、冷暖色调、干净简洁"，ChatGPT 会给出满足要求
的 AI 绘画关键词建议，如图 2-20 所示。

由于我的知识截止日期是2021年，我不熟悉Midjourney这个特定工具。但是，我可以为您提供一般的AI绘画指令，以帮助您在任何支持AI生成图像的平台上实现基于种子词的绘画。

绘画指令：

1. 种子词选择：
   - 将"专业摄影"、"冷暖色调"和"干净简洁"作为您的种子词，这些词将成为创作灵感的基础。
2. 设定风格和氛围：
   - 确定您希望的绘画风格和氛围。例如，现实主义、印象派、抽象等等。冷暖色调可用于增强氛围，决定是偏向冷色调或暖色调。
3. 图像内容：
   - 确定绘画的主题和要表达的情感。您可以选择专业摄影中的场景、人物或静物，或是自由创作一个抽象的概念。
4. 调色板选择：
   - 根据您的风格和氛围选择适当的冷暖色调来渲染图像。
5. 框架与布局：
   - 设计一个干净简洁的构图，使主题突出并且不会造成视觉上的混乱。确保要表达的信息明确传达。
6. 光影处理：
   - 在图像中加入光影效果，以增强画面的立体感和真实感。
7. 线条与细节：
   - 使用简洁的线条描绘主题，注重形状和轮廓的准确表现。
   - 注意细节的处理，保持适度的细节来增加观赏性。
8. 最后润色：
   - 完成绘画后，审视整个作品并进行最后的润色和调整，以确保画面达到预期效果。
9. 使用AI工具生成图像：
   - 使用支持AI生成图像的平台，将您的种子词和绘画指令输入到工具中，让AI根据您的要求创作出图像。

请注意，在使用AI生成图像时，结果可能不完全符合您的预期。因此，可能需要多次尝试和调整绘画指令，以获得最满意的作品。祝您创作愉快！

图 2-20　ChatGPT 给出满足要求的 AI 绘画关键词建议

2.2.5　拓宽模型思维

如果用户需要用 ChatGPT 来生成创意图像的 AI 绘画关键词，可以在提问时加上这个关键词“What are some alternative perspectives？（有哪些可以考虑的角度）”，引导 ChatGPT 发挥创造性，更大限度地拓宽 ChatGPT 模型的思维广度。

例如，在 ChatGPT 中输入“请提供能够生成茶叶包装设计的 AI 绘画关键词”，ChatGPT 给出比较中规中矩的 AI 绘画的指导建议，如图 2-21 所示。

再次提问“请提供能够生成茶叶包装设计的 AI 绘画关键词，What are some alternative perspectives？”ChatGPT 拓宽思路和角度给出回复，给用户提供更多的帮助，如图 2-22 所示。

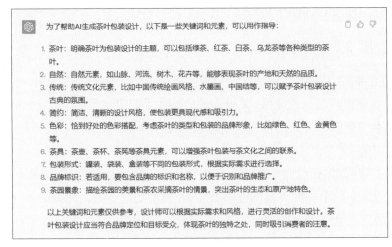

图 2-21　ChatGPT 给出比较中规中矩的 AI 绘画的指导建议

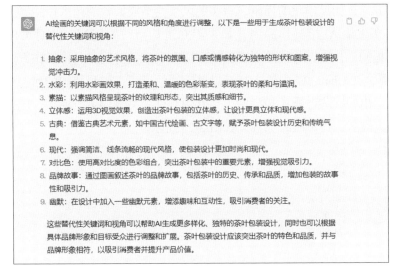

图 2-22　ChatGPT 拓宽思路和角度给出回复

2.3　生成AI绘画关键词的3个方法

在 AI 绘画中，写关键词是比较重要的一步，如果关键词描述得不太准确，那么得到的图片结果就不会太精准。有些用户常常不知道如何描述对象，写关键词的时候会浪费许多时间，此时就可以把"画面描述"这个任务交给 ChatGPT 来完成，灵活使用 ChatGPT 生成 AI 绘画关键词，就可以完美解决"词穷"的问题。

本节主要介绍使用ChatGPT生成AI绘画关键词的技巧。

2.3.1　直接提问获取关键词

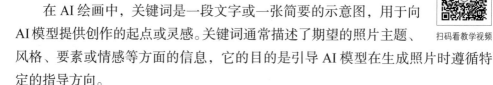

在AI绘画中，关键词是一段文字或一张简要的示意图，用于向AI模型提供创作的起点或灵感。关键词通常描述了期望的照片主题、风格、要素或情感等方面的信息，它的目的是引导AI模型在生成照片时遵循特定的指导方向。

写好关键词对AI绘画创作至关重要，因为它可以影响生成作品的风格、内容和整体效果。一个好的关键词能够激发AI模型的创造力，并帮助AI模型准确理解用户的意图，以便更好地生成符合预期的艺术作品。

关键词可以是简单的文字描述，如"沙滩上的日落景色"，或者是一张草图或图片，用于提供更具体的视觉指导。通过不同类型的关键词，用户可以探索不同的创作方向，如风格化的插画、写实的风景绘画或抽象的艺术作品等。

用户在生成AI绘画作品时，如果不知道如何写关键词，此时可以直接向ChatGPT提问，让它帮你描绘出需要的画面和场景关键词，具体操作方法如下。

步骤01 在ChatGPT中输入"请以关键词的形式，描写貂蝉的相貌特点"，ChatGPT给出的回答已经比较详细了，其中有许多关键词可以使用，比如"美艳动人、皓齿红唇、丹凤眼眸"等，如图2-23所示。

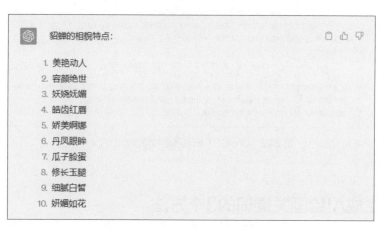

图 2-23　ChatGPT 对于人物相貌的描写

步骤02 如果你需要更细致地描述一下人物的面部特点，可以再次输入"形容得再细致点，主要是面部特点"。此时ChatGPT将对人物的面部特点再次进行细致描述，又可以得到许多关键词，如图2-24所示，这就是直接向ChatGPT

提问获取关键词的方法。

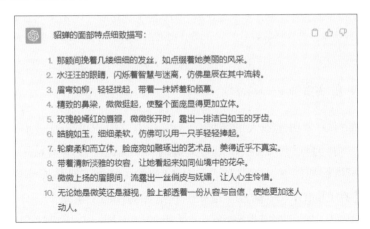

图 2-24 ChatGPT 对于人物面部的描写

我们可以将在 ChatGPT 中获取的关键词翻译为英文，并通过 Midjourney 生成相应的图片效果，如图 2-25 所示。本书第 3 章将对 Midjourney 的 AI 绘画操作进行详细介绍，大家可以参考。

图 2-25 在 Midjourney 中生成的图片效果

★ 专家提醒 ★

在使用 AI 绘画工具时，用户可以通过编写和调整关键词来引导 AI 模型生成符合自己需求和偏好的艺术作品。关键词的设计可以使用户更有参与感，同时也能够影响 AI 模型输出的创意和风格。

2.3.2　多次对话获取关键词

扫码看教学视频

ChatGPT 是一个功能强大的智能聊天机器人，用户可以通过不断与它对话，得到自己想要的 AI 摄影关键词。下面以"沙漠风光"为例，向大家讲解如何通过多次对话获取 AI 摄影关键词，具体操作方法如下。

步骤01 在 ChatGPT 中输入"请根据我给你的 idea（主意），详细描述一个富有创意的画面，然后使用逗号分隔描述里的修饰词，并把描述翻译成英文。idea：沙漠风光"，ChatGPT 给出了许多文案信息，并翻译成了英文，如图 2-26 所示。

在这个富有创意的画面中，我们可以看到一幅沙漠风光的景象：辽阔的沙丘在夕阳的映衬下呈现出金黄色的温暖光芒，轻柔的风吹拂着沙漠表面，形成流动的纹路，如同一幅绵延不绝的黄色画布。在天边，夕阳散发出柔和的橙色光晕，将整个沙漠映照得宛如仙境。

沙漠中，偶尔可以看到寂寥的仙人掌，它们挺拔的身姿在沙丘上形成有趣的对比。一些稀疏的矮树和低矮的灌木顽强地生长在干燥的土地上，为这片广袤的沙漠增添了一丝生机。

高空中，一群翱翔的雁鸟划过，留下一道优美的弧线，仿佛是对这片荒芜土地的诗意赞美。天空的云朵柔和而悠闲，时而形成有趣的造型，为这个景象增色不少。

在这幅画面中，我们可以感受到沙漠的广袤和神秘，夕阳的余晖温暖而安宁，大自然的力量和美妙在这片荒凉之地展现得淋漓尽致。

Translation in English:
In this imaginative painting, we can see a picturesque desert landscape: vast sand dunes bathed in the warm, golden glow of the setting sun. Gentle winds caress the surface of the desert, creating flowing patterns as if it were an endless yellow canvas. On the horizon, the sunset casts a soft orange halo, turning the entire desert into an enchanting wonderland.

Occasionally, lonely cacti can be seen standing tall on the sand dunes, providing an interesting contrast to the scenery. Sparse short trees and low bushes tenaciously grow in the arid soil, adding a touch of vitality to this vast desert.

High in the sky, a flock of geese soar by, leaving behind graceful arcs, as if they were poetic praises for this barren land. The clouds in the sky are soft and leisurely, occasionally forming intriguing shapes, adding even more charm to the scene.

In this painting, we can feel the expanse and mystery of the desert, the warm and tranquil afterglow of the setting sun, and the magnificent beauty of nature displayed vividly in this desolate land.

图 2-26　ChatGPT 给出了许多文案信息

步骤02 ChatGPT 给出的文案信息过多，内容太长，下一步我们希望它能将语言精简一些，此时可以再次输入"简短一些，仅保留关键词，并使用逗号将关键词隔开，翻译成英语"，这次 ChatGPT 的回答结果精简了很多，并翻译成了英文，如图 2-27 所示。

图 2-27　ChatGPT 的回答结果更加精简

步骤03 复制这段英文关键词，在 Midjourney 中调用 imagine 指令，将关键词粘贴到 prompt（提示）输入框中，如图 2-28 所示。

图 2-28　将关键词粘贴到 prompt 输入框中

步骤04 按【Enter】键确认，Midjourney 将依照输入的关键词生成对应的图片，效果如图 2-29 所示。注意，即使是相同的关键词，Midjourney 每次生成的图片效果也不一样。

图 2-29　Midjourney 生成对应的图片效果

2.3.3　用表格整理关键词内容

扫码看教学视频

用户在与 ChatGPT 进行对话的时候，还可以通过表格的形式生成需要的关键词。下面介绍通过表格区分中、英文关键词的具体操作方法。

步骤01 在 ChatGPT 中输入"一张照片的画面构思分几个部分？尽量全面且详细，用表格回答"，ChatGPT 将以表格的形式给出回答，如图 2-30 所示。

理想情况下，一张照片的画面构思可以分为五个主要部分，以确保画面全面且详细：

部分	描述
主体	照片的主要焦点和中心，通常是你希望观众最先注意到的元素。它应该是有吸引力的、引人入胜的或令人惊叹的。例如，拍摄风景照时，主体可能是壮丽的山峰；拍摄人物时，主体可能是某人的面部或身体。
背景	主体后方的环境或景观，帮助衬托主体，并为照片提供更多信息和深度。背景应该与主体相互配合，避免与主体竞争注意力。要注意背景是否有杂乱的元素或干扰物，需要进行适当的处理。
前景	位于主体前方的元素，有时可用于增加画面的立体感和深度感。前景通常是模糊的，以突出主体的清晰性。在拍摄风景照时，可能是一些植物、岩石或其他对象。在拍摄人物时，可能是一些近景物品。
光线和阴影	光线是照片的灵魂，可以为画面增添氛围和情感。要注意光线的方向和强度，以及它在主体和背景上产生的阴影效果。适当利用光线和阴影可以营造出截然不同的感觉。
线条和对称	线条和对称是构成画面的重要组成部分，它们可以引导观众的视线并增加画面的平衡感。线条可以是直线、曲线或斜线，而对称则是指画面中的对称元素。合理运用线条和对称可以让画面更有吸引力。

以上表格为一张照片的画面构思提供了一个详尽的分类。当然，每张照片的构思都可能会因照片类型和拍摄主题而有所不同，但这个表格可以作为一个指南，帮助你思考如何构图以展现出你想表达的内容。

图 2-30　ChatGPT 以表格的形式给出回答

步骤02 继续向 ChatGPT 提问，让它给出具体的关键词，在 ChatGPT 中输入"有哪些主题类别，请用表格回答，中英文对照"，ChatGPT 给出了许多主题类别，并有中文和英文对照，如图 2-31 所示，从这些回答中可以提取关键词信息。

另外，用户还可以继续向 ChatGPT 提问，如针对构图、色彩、背景及风格等提出具体的细节，提问越具体，ChatGPT 的回答越精准，生成的关键词也就越多。

当然，以下是一些常见的照片主题类别，包括中英文对照：

主题类别	中文	英文
风景	风景	Landscape
人物	人物	Portrait
街景	街景	Street Photography
建筑	建筑	Architecture
动物	动物	Wildlife
自然生态	自然生态	Nature
宠物	宠物	Pets
食物	食物	Food
抽象艺术	抽象艺术	Abstract Art
黑白摄影	黑白摄影	Black and White
夜景	夜景	Night Photography
儿童	儿童	Children
城市生活	城市生活	Urban Life
体育	体育	Sports

图 2-31 ChatGPT 给出了许多主题类别

※ 本章小结

本章主要向读者介绍了 ChatGPT 生成 AI 绘画关键词的方法，包括 3 个方法掌握 ChatGPT 用法、5 种技巧编写 ChatGPT 提示词和生成 AI 绘画关键词的 3 个方法，希望读者通过对本章的学习，能够熟练掌握使用 ChatGPT 生成 AI 绘画关键词的用法。

※ 课后习题

鉴于本章知识的重要性，为了帮助读者更好地掌握所学知识，本节将通过课后习题，帮助读者进行简单的知识回顾和补充。

1. 编写 ChatGPT 提示词有哪些技巧？

2. 用 ChatGPT 生成运动球鞋的 AI 绘画关键词，结果如图 2-32 所示。

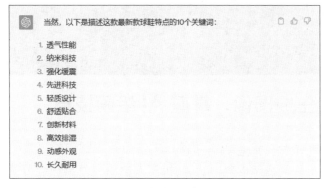

当然，以下是描述这款最新款球鞋特点的10个关键词：

1. 透气性能
2. 纳米科技
3. 强化缓震
4. 先进科技
5. 轻质设计
6. 舒适贴合
7. 创新材料
8. 高效排湿
9. 动感外观
10. 长久耐用

图 2-32 用 ChatGPT 生成运动球鞋的 AI 绘画关键词

第 3 章 生成图像：掌握 AI 绘画技巧

Midjourney 是一个通过人工智能技术进行绘画创作的工具，用户可以在其中输入文字、图片等提示内容，让 AI 机器人自动创作出符合要求的图片。本章主要介绍 Midjourney 的基础操作和绘画技巧，帮助大家熟练掌握 AI 绘画技巧。

3.1 熟悉Midjourney的基础操作

使用 Midjourney 绘画的关键在于输入的指令。如果用户想要生成高质量的图像，则需要大量地训练 AI 模型和深入了解艺术设计的相关知识。本节将介绍 4 种 Midjourney 的基础操作，帮助大家快速掌握 Midjourney 的基本操作方法。

3.1.1 常用指令

在使用 Midjourney 进行 AI 绘画时，用户可以使用各种指令与 Discord 平台上的 Midjourney Bot（机器人）进行交互，从而告诉它你想要获得一张什么效果的图片。Midjourney 的指令主要用于创建图像、更改默认设置及执行其他有用的任务。

表 3-1 所示为 Midjourney 中常用的 AI 绘画指令。

表 3-1　Midjourney 中常用的 AI 绘画指令

指　　令	描　　述
/ask（问）	得到一个问题的答案
/blend（混合）	轻松地将两张图片混合在一起
/daily_theme（每日主题）	切换 #daily-theme 频道更新的通知
/docs（文档）	在 Midjourney Discord 官方服务器中使用可快速生成指向本用户指南中涵盖的主题链接
/describe（描述）	根据用户上传的图像编写 4 个示例提示词
/faq（常见问题）	在 Midjourney Discord 官方服务器中使用，将快速生成一个链接，指向热门 prompt 技巧频道的常见问题解答
/fast（快速）	切换到快速模式
/help（帮助）	显示 Midjourney Bot 有关的基本信息和操作提示
/imagine（想象）	使用关键词或提示词生成图像
/info（信息）	查看有关用户的账号，以及任何排队（或正在运行）的作业信息
/stealth（隐身）	专业计划订阅用户可以通过该指令切换到隐身模式
/public（公共）	专业计划订阅用户可以通过该指令切换到公共模式
/subscribe（订阅）	为用户的账号页面生成个人链接
/settings（设置）	查看和调整 Midjourney Bot 的设置
/prefer option（偏好选项）	创建或管理自定义选项
/prefer option list（偏好选项列表）	查看用户当前的自定义选项
/prefer suffix（偏好后缀）	指定要添加到每个提示词末尾的后缀
/show（展示）	使用图像作业账号（Identity Document，ID）在 Discord 中重新生成作业
/relax（放松）	切换到放松模式
/remix（混音）	切换到混音模式

3.1.2 以文生图

扫码看教学视频

Midjourney 主要使用 imagine 指令和关键词等文字内容来完成 AI 绘画操作，用户应尽量输入英文关键词。注意，AI 模型对英文单词的首字母大小写格式没有要求，但注意每个关键词中间要添加一个逗号（英文格式）或空格。下面介绍在 Midjourney 中通过以文生图生成商品图的具体操作方法。

步骤01 在 Midjourney 下面的输入框内输入 /（正斜杠符号），在弹出的列表框中选择 imagine 指令，如图 3-1 所示。

图 3-1 选择 imagine 指令

步骤02 在 imagine 指令后方的 prompt（提示）输入框中输入相应的关键词，如图 3-2 所示。

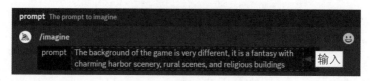

图 3-2 输入相应的关键词

步骤03 按【Enter】键确认，即可看到 Midjourney Bot 已经开始工作了，并显示图片的生成进度，如图 3-3 所示。

步骤04 稍等片刻，Midjourney 将生成 4 张对应的图片，单击 V1 按钮，如图 3-4 所示。V 按钮的功能是以所选的图片样式为模板重新生成 4 张图片。

图 3-3　显示图片的生成进度

图 3-4　单击 V1 按钮

步骤 05　执行操作后，Midjourney 将以第 1 张图片为模板，重新生成 4 张图片，如图 3-5 所示。

步骤 06　如果用户对重新生成的图片都不满意，可以单击 🔄（重做）按钮，如图 3-6 所示。此时，Midjourney 系统可能会弹出申请对话框，用户只需单击"提交"按钮即可。

图 3-5　重新生成 4 张图片

图 3-6　单击重做按钮

步骤 07　执行操作后，Midjourney 会再次生成 4 张图片，单击 U2 按钮，如图 3-7 所示。

步骤 08　执行操作后，Midjourney 将在第 2 张图片的基础上进行更加精细的刻画，并放大图片，效果如图 3-8 所示。

图 3-7　单击 U2 按钮　　　　　　　　　　　图 3-8　放大图片

★ 专家提醒 ★

　　Midjourney 生成的图片下方的 U 按钮表示放大选中图片的细节，可以生成单张的大图效果。如果用户对 4 张图片中的某张图片感到满意，可以使用 U1 ～ U4 按钮进行选择并生成大图效果，否则 4 张图片是拼在一起的。

　　步骤 09 单击 Very Strong（非常强烈）按钮并提交表单之后，将以该张图片为模板，重新生成变化较大的 4 张图片，单击 Very Subtle（非常微妙）按钮并提交表单之后，则重新生成变化较小的 4 张图片，如图 3-9 所示。

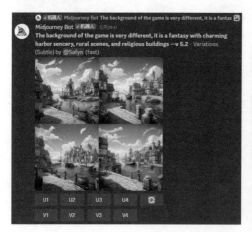

图 3-9　重新生成变化较大和变化较小的图片

3.1.3　以图生图

扫码看教学视频

在 Midjourney 中，用户可以使用 describe 指令获取图片的提示，然后根据提示内容和图片链接来生成类似的图片，这个过程称为以图生图，也称为"垫图"。需要注意的是，提示词就是关键词或指令的统称，网上大部分用户也将其称为"咒语"。下面介绍在 Midjourney 中通过以图生图生成商品图的具体操作方法。

步骤01 在 Midjourney 下面的输入框内输入 /，在弹出的列表框中选择 describe 指令，如图 3-10 所示。

步骤02 执行操作后，单击上传按钮🗎，如图 3-11 所示。

图 3-10　选择 describe 指令

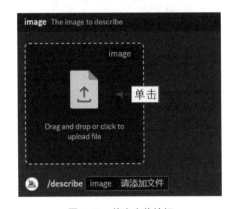

图 3-11　单击上传按钮

步骤03 执行操作后，弹出"打开"对话框，选择相应的图片，如图 3-12 所示。

步骤04 单击"打开"按钮将图片添加到 Midjourney 的输入框中，如图 3-13 所示，按两次【Enter】键确认。

图 3-12　选择相应的图片

图 3-13　添加到 Midjourney 的输入框中

步骤05 执行操作后，Midjourney 会根据用户上传的图片生成 4 段提示词，如图 3-14 所示。用户可以通过复制提示词或单击下面的 1 ～ 4 按钮，以该图片为模板生成新的图片。

步骤06 单击生成的图片，在弹出的预览图中单击鼠标右键，在弹出的快捷菜单中选择"复制图片地址"命令，如图 3-15 所示，复制图片链接。

图 3-14 生成 4 段提示词

图 3-15 选择"复制图片地址"命令

步骤07 执行操作后，在图片下方单击 1 按钮，如图 3-16 所示。

步骤08 弹出 Imagine This!（想象一下！）对话框，在 PROMPT 文本框中的关键词前面粘贴复制的图片链接，如图 3-17 所示。注意，在图片链接和关键词中间要添加一个空格。

图 3-16 单击 1 按钮

图 3-17 粘贴复制的图片链接

步骤 09 单击"提交"按钮，以参考图为模板生成 4 张图片，如图 3-18 所示。

步骤 10 单击 U2 按钮，放大第 2 张图片，效果如图 3-19 所示。

图 3-18　生成 4 张图片

图 3-19　放大第 2 张图片

3.1.4　混合生图

扫码看教学视频

在 Midjourney 中，用户可以使用 blend 指令快速上传 2 ～ 5 张图片，然后查看每张图片的特征，并将它们混合生成一张新的图片。下面介绍利用 Midjourney 进行混合生图生成商品图的操作方法。

步骤 01 在 Midjourney 下面的输入框内输入 /，在弹出的列表框中选择 blend 指令，如图 3-20 所示。

步骤 02 执行操作后，出现两个图片框，单击左侧的上传按钮，如图 3-21 所示。

图 3-20　选择 blend 指令

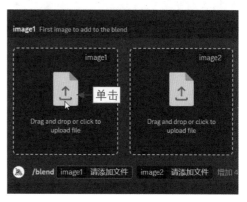

图 3-21　单击上传按钮

步骤 03 执行操作后，弹出"打开"对话框，选择相应的图片，如图 3-22 所示。

步骤 04 单击"打开"按钮，将图片添加到左侧的图片框中，并用同样的操作方法在右侧的图片框中添加一张图片，如图 3-23 所示。

图 3-22 选择相应的图片

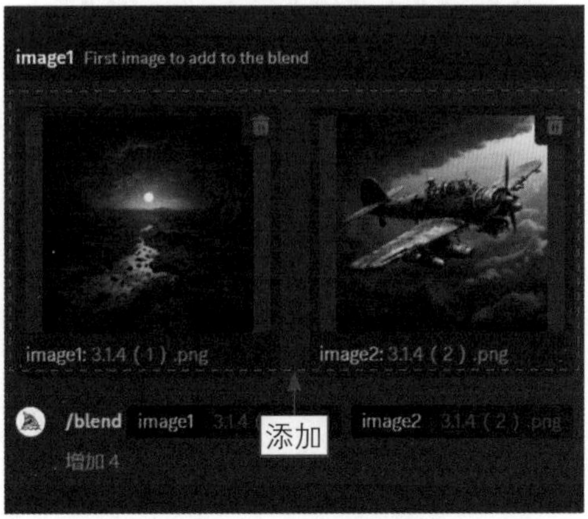

图 3-23 添加两张图片

步骤 05 按【Enter】键，Midjourney 会自动完成图片的混合操作，并生成 4 张新的图片，这是没有添加任何图像描述指令的效果，如图 3-24 所示。

步骤 06 单击 U2 按钮，放大第 2 张图片，效果如图 3-25 所示。

图 3-24 生成 4 张新的图片

图 3-25 放大第 2 张图片

3.2 掌握Midjourney的绘画技巧

Midjourney 具有强大的 AI 绘画功能，用户可以通过一些技巧来改变 AI 绘画的效果，生成更优秀的绘画作品。本节将介绍 Midjourney 的 6 种绘画技巧，让用户在生成 AI 图像时更加得心应手。

3.2.1 混音模式

扫码看教学视频

使用 Midjourney 的混音模式（Remix mode）可以更改关键词、参数、模型版本或变体之间的横纵比，让AI绘画变得更加灵活、多变，下面介绍具体的操作方法。

步骤01 在 Midjourney 下面的输入框内输入 /，在弹出的列表框中选择 settings 指令，如图 3-26 所示。

步骤02 按【 Enter 】键确认，即可调出 Midjourney 的设置面板，如图 3-27 所示。

图 3-26 选择 settings 指令

图 3-27 调出 Midjourney 的设置面板

★ 专家提醒 ★

为了帮助大家更好地理解设置面板，下面将其中的内容翻译成了中文，如图 3-28 所示。注意，直接翻译的英文不是很准确，具体用法需要用户多练习才能掌握。

步骤03 在设置面板中，单击 Remix mode 按钮，如图 3-29 所示，即可开启混音模式（按钮显示为绿色）。

步骤04 通过 imagine 指令输入相应的关键词，生成的图片效果如图 3-30 所示。

步骤05 单击 V2 按钮，弹出 Remix Prompt（混音提示）对话框，如图 3-31 所示。

图 3-28　设置面板的中文翻译

图 3-29　单击 Remix mode 按钮

图 3-30　生成的图片效果

步骤 06 适当修改其中的某个关键词，如将 blue（蓝色）改为 red（红色），如图 3-32 所示。

图 3-31　Remix Prompt 对话框　　　　　　　图 3-32　修改关键词

步骤 07 单击"提交"按钮，即可重新生成相应的图片，将图中汽车的颜色由蓝色改成红色，效果如图 3-33 所示。

图 3-33　重新生成相应的图片

3.2.2　一键换脸

扫码看教学视频

InsightFaceSwap 是一款专门针对人像处理的 Discord 官方插件，它能够批量且精准地替换人物脸部，同时不会改变图片中的其他内容。下面介绍利用 InsightFaceSwap 协同 Midjourney 进行人像换脸的操作方法。

步骤01 在 Midjourney 下面的输入框内输入 /，在弹出的列表框中，单击左侧的 InsightFaceSwap 图标■，如图 3-34 所示。

步骤02 执行操作后，在列表框中选择 saveid（保存 ID）指令，如图 3-35 所示。

图 3-34　单击 InsightFaceSwap 图标

图 3-35　选择 saveid 指令

步骤03 输入相应的 idname（身份名称），如图 3-36 所示。idname 可以为任意 8 位以内的英文字符和数字。

步骤04 单击上传按钮🖼，上传一张面部清晰的人物图片，如图 3-37 所示。

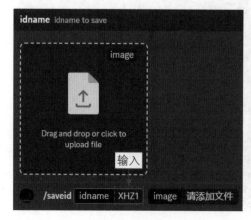

图 3-36　输入相应的 idname

图 3-37　上传一张人物图片

步骤 05 按【Enter】键确认，即可成功创建 idname，如图 3-38 所示。

步骤 06 接下来使用 imagine 指令生成人物肖像图片，并放大其中一张图片，效果如图 3-39 所示。

图 3-38　创建 idname

图 3-39　放大图片

步骤 07 在图片上单击鼠标右键，在弹出的快捷菜单中选择 APP（应用程序）INSwapper（替换目标图像的面部）命令，如图 3-40 所示。

步骤 08 执行操作后，InsightFaceSwap 即可替换人物面部，效果如图 3-41 所示。

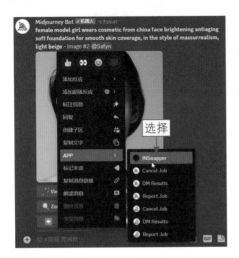

图 3-40　选择 INSwapper 选项

图 3-41　替换人物面部效果

步骤 09 另外，用户也可以在 Midjourney 下面的输入框内输入 /，在弹出的列表框中选择 swapid（换脸）指令，如图 3-42 所示。

步骤 10 执行操作后，输入刚才创建的 idname，并上传想要替换人脸的底图，效果如图 3-43 所示。

图 3-42　选择 swapid 指令

图 3-43　上传想要替换人脸的底图

步骤 11 按【Enter】键确认，即可调用 InsightFaceSwap 机器人替换底图中的人脸，效果如图 3-44 所示。

图 3-44　替换人脸效果

★ 专家提醒 ★

要使用 InsightFaceSwap 插件，用户需要先邀请 InsightFaceSwap Bot 到自己的服务器中，具体的邀请链接可以通过百度搜索。

另外，用户可以使用 /listid（列表 ID）指令来列出目前注册的所有 idname，注意总数不能超过 10 个。同时，用户也可以使用 /delid（删除 ID）指令和 /delall（删除所有 ID）指令来删除 idname。

3.2.3　种子换图

扫码看教学视频

在使用 Midjourney 生成图片时，会有一个从模糊的噪点形态逐渐变得具体清晰的过程，而这个"噪点"的起点就是"种子"，即 seed，Midjourney 依靠它来创建一个"视觉噪声场"，作为生成初始图片的起点。

种子值是 Midjourney 为每张图片随机生成的，但可以使用 --seed 指令指定。在 Midjourney 中使用相同的种子值和关键词，将产生相同的出图结果，利用这一点我们可以生成连贯一致的人物形象或者场景。

下面介绍使用种子值生成图片的操作方法。

步骤01 在 Midjourney 中生成相应的图片后，在该消息上方单击"添加反应"图标，如图 3-45 所示。

步骤02 执行操作后，弹出"反应"对话框，如图 3-46 所示。

图 3-45　单击"添加反应"图标

图 3-46　"反应"对话框

步骤03 在搜索框中输入 envelope（信封），并单击搜索结果中的信封图标，如图 3-47 所示。

步骤 04 执行操作后，Midjourney Bot 将会给我们发送一个消息，单击私信图标，如图 3-48 所示，可以查看消息。

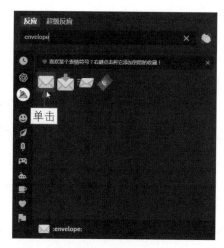

图 3-47　单击信封图标

图 3-48　单击私信图标

步骤 05 执行操作后，即可看到 Midjourney Bot 发送的 Job ID（作业 ID）和图片的种子值，如图 3-49 所示。

步骤 06 通过 imagine 指令在图像的关键词结尾处加上 --seed 指令，并在指令后面输入图片的种子值，即可生成新的图片，效果如图 3-50 所示。

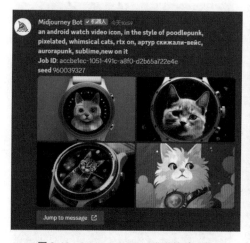

图 3-49　Midjourney Bot 发送的种子值

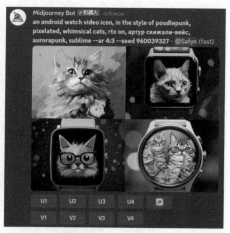

图 3-50　生成新的图片

步骤 07 单击 U1 按钮，放大第 1 张图片，效果如图 3-51 所示。

图 3-51　放大第 1 张图片效果

3.2.4　添加标签

扫码看教学视频

在通过 Midjourney 进行 AI 绘画时，我们可以使用 prefer option set 指令，将一些常用的关键词保存在一个标签中，这样每次绘画时就不用重复输入一些相同的关键词。下面介绍使用 prefer option set 指令绘画的操作方法。

步骤 01　在 Midjourney 下面的输入框内输入 /，在弹出的列表框中选择 prefer option set 指令，如图 3-52 所示。

步骤 02　执行操作后，在 option（选项）文本框中输入相应的名称，如 XHZ2，如图 3-53 所示。

图 3-52　选择 prefer option set 指令

图 3-53　输入相应的名称

步骤 03 单击"增加 1"按钮，在上方的"选项"列表框中选择 value（参数值）选项，如图 3-54 所示。

图 3-54　选择 value 选项

步骤 04 执行操作后，在 value 输入框中输入相应的关键词，如图 3-55 所示。注意，这里的关键词就是我们所要添加的一些固定的指令。

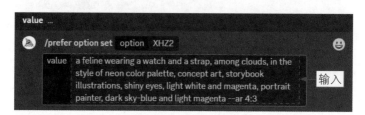

图 3-55　输入相应的关键词

步骤 05 按【Enter】键确认，即可将上述关键词储存到 Midjourney 的服务器中，如图 3-56 所示，从而给这些关键词打上一个统一的标签，标签名称就是 XHZ2。

图 3-56　储存关键词并添加标签

步骤 06 通过 imagine 指令输入相应的关键词，然后在关键词的后面输入 --XHZ2 指令，即可调用标签关键词，如图 3-57 所示。

图 3-57　调用标签关键词

步骤07 按【Enter】键确认，即可生成相应的图片，效果如图 3-58 所示。
可以看到，Midjourney 在绘画时会自动添加 AIZP 标签中的关键词。

步骤08 单击 U4 按钮，放大第 4 张图片，效果如图 3-59 所示。

图 3-58 生成相应的图片

图 3-59 放大第 4 张图片

3.2.5 平移扩图

利用平移扩图功能可以生成图片外的场景，单击相应的上下左右箭头按钮可
以选择图片需要扩展的方向，下面向大家介绍详细的操作方法。

步骤01 通过 imagine 指令生成一张合适的图片，如图 3-60 所示。

步骤02 单击下方的左箭头按钮◀，随后 Midjourney 将在原图的基础上，向
左进行平移扩图，效果如图 3-61 所示。

图 3-60 生成图片

图 3-61 向左平移扩图

步骤03 选择第1张图片进行放大，然后单击下方的右箭头按钮 ➡，Midjourney 将在原图的基础上，向右进行平移扩图，效果如图3-62所示。

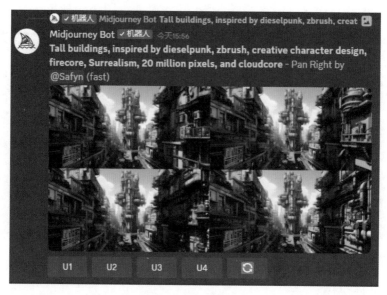

图 3-62　向右平移扩图

步骤04 执行操作后，选择第1张图片进行放大，效果如图3-63所示。

图 3-63　放大图片

★ 专家提醒 ★

需要注意的是，平移扩图功能对同一张图片无法同时进行水平和垂直平移，并且一旦使用平移扩图功能后就无法再使用V按钮，图片的底部只会显示U按钮。

3.2.6　无限缩放

利用 Zoom out（缩小）功能可以将图片的镜头拉远，在同一张图片上多次缩小，可以使图片捕捉到的范围更大，在图片主体周围生成更多的细节，下面向大家介绍详细的操作方法。

步骤01　通过 imagine 指令生成一组图片，选择其中一张进行放大，如图 3-64 所示。

步骤02　单击 Zoom Out 2×（缩小两倍）按钮，随后 Midjourney 将在原图的基础上，将画面缩放至 2 倍大小，效果如图 3-65 所示。

图 3-64　放大图片　　　　　　　　　　　图 3-65　将画面缩放 2 倍的效果

步骤03　重复上一步的操作，可以继续缩放图像，效果如图 3-66 所示。

图 3-66　将画面缩放 4 倍和 6 倍的效果

※ 本章小结

本章主要向读者介绍了 Midjourney 的 AI 绘画基础操作和技巧，具体内容包括常用指令、以文生图、以图生图、混合生图、混音模式、一键换脸、种子换图、添加标签、平移扩图、无限缩放，希望读者学以致用，真正习得用法。

※ 课后习题

1. 使用以文生图功能生成一张自行车的图片，效果如图 3-67 所示。
2. 使用混音模式把图片中的自行车改成摩托车，效果如图 3-68 所示。

图 3-67　生成自行车图片　　　　　　　图 3-68　将自行车改成摩托车

第 4 章　命令参数：修改提示优化图像

在使用 Midjourney 生成图像的过程中，我们可以添加或修改关键词来对图像整体效果进行调整优化，例如改变图像中对象的材质、风格、背景，或者通过参数指令设置图像的比例和渲染程度。本章主要介绍 Midjourney 中常用的提示关键词和参数指令，让大家对 AI 绘画的操作更加熟悉。

4.1 常用的提示关键词

在使用 Midjourney 输入关键词时，有些提示语或者关键词的使用频率较高，只要熟练掌握了这些关键词，就能应对大部分的图像生成任务。本节将介绍 Midjourney 中常用的关键词，帮助用户在生成图像时更加得心应手。

4.1.1 控制材质的关键词

在生成一些特殊的图像时，可以使用特定的关键词来改变图像中对象的材质，下面介绍一些常用的改变材质的关键词。

1. metal material（金属材质）

在生成图像的关键词中添加关键词 metal material，可以将图像中对象的材质设置为金属材质。金属材质常用于一些器械、零件或盔甲当中，如图 4-1 所示。

Close-up of a knight wearing armor, made of metal material, in a 32k ultra high definition style, with super details and a set of dau al

图 4-1 使用金属材质关键词生成的图像

2. fabric material（布料材质）

布料是制作服装的基本材料之一，不同类型的布料可以用于制作各种服装，在生成与服装相关的图像时，可以添加关键词 fabric 生成布料材质的图片，如图 4-2 所示。

图 4-2　使用布料材质关键词生成的图像

3. diamond material（钻石材质）

钻石是一种稀有且珍贵的宝石，因其硬度、透明度和闪耀的外观而受到高度珍视。钻石材质的关键词常用于一些首饰项链当中，如图 4-3 所示。

图 4-3　使用钻石材质关键词生成的图像

4.1.2 控制风格的关键词

不同的风格用于不同的图像会有意想不到的效果，可以使用特定的关键词来改变图像的艺术风格，下面介绍一些常用的艺术风格关键词。

1. Classicism style（古典风格）

古典风格强调古希腊和古罗马艺术的回归，追求简洁、对称和理性的表现。在生成图像的关键词中添加关键词 classicism，可以将图像的艺术风格调整为古典风格，如图 4-4 所示。

图 4-4　使用古典风格关键词生成的图像

2. abstract style（抽象风格）

抽象风格是将现实世界中的对象和形象剥离，追求形式、颜色、纹理等表达的艺术风格。在生成图像的关键词中添加关键词 abstract style，可以将图像的艺术风格调整为抽象风格，如图 4-5 所示。

These paintings are abstract, with an abstract style that looks like a circle and a fragmented Cubist style of space, featuring unique characters, slender figures, detailed lines, and folk themes --ar 16:9

图 4-5　使用抽象风格关键词生成的图像

3. modern style（现代风格）

现代风格是一种试图打破传统约束，追求创新和前卫表现的艺术风格。在生成图像的关键词中添加关键词 modern style，可以将图像的艺术风格调整为现代风格，如图 4-6 所示。

Colorful Cat Oil Painting, Modern Style, 32k Ultra HD Style, Light Purple and Light Cyan --ar 125:56

图 4-6　使用现代风格关键词生成的图像

4.1.3 控制背景的关键词

在进行 AI 绘画时，我们可以通过修改关键词来调整图像中的背景，下面介绍在 AI 绘画中常用的背景关键词。

1. city background 或 urban setting（城市背景）

添加关键词 city background 即可以城市的整体景象为背景，呈现出城市的建筑、街道、桥梁、公园等元素，如图 4-7 所示。

图 4-7　使用城市背景关键词生成的图像

2. forest background（森林背景）

森林背景可以呈现出丰富的自然元素和氛围，如茂密的树木、丰富的植被、蜿蜒的小道等。这些元素可以为图像增添自然的氛围，如图 4-8 所示。

图 4-8　使用森林背景关键词生成的图像

3. Indoor background（室内背景）

在室内环境中，可以更容易地隔绝外界的干扰因素，如天气、噪声等，从而更专注于展现图像的主体，如图 4-9 所示。

图 4-9 使用室内背景关键词生成的图像

4.2 掌握Midjourney参数指令

Midjourney 能够通过修改关键词来控制图像的材质、风格和背景。不仅如此，用户还可以通过各种参数指令来改变 AI 绘画的效果，生成更优秀的 AI 绘画作品。正确运用这些参数，对于提高生成图像的质量非常重要。本节将介绍一些 Midjourney 的参数指令，让用户在生成 AI 绘画作品时更加得心应手。

4.2.1 用 version 参数指定版本

version 指版本型号，Midjourney 经常进行版本的更新，并结合用户的使用情况改进其算法。从 2022 年 4 月至 2023 年 8 月，Midjourney 已经发布了 5 个版本，其中 version 5.2 是目前最新且效果最好的版本。

Midjourney 目前支持 version 1、version 2、version 3、version 4、version 5、version 5.1、version 5.2 等版本，用户可以通过在关键词后面添加 --version（或 --v）1/2/3/4/5/5.1/5.2 来调用不同的版本，如果没有添加版本后缀参数，那么会默认使用最新的版本参数。

例如，在关键词的末尾添加 --v 4 指令，即可通过 version 4 版本生成相应的图片，效果如图 4-10 所示。可以看到，生成的 version 4 版本的图片画面真实感比较差。

图 4-10　通过 version 4 版本生成的图片效果

　　下面使用相同的关键词，并将末尾的 --v 4 指令改成 --v 5.2 指令，即可通过 version 5.2 版本生成相应的图片，效果如图 4-11 所示，画面真实感比较强。

图 4-11　通过 version 5.2 版本生成的图片效果

4.2.2　用 aspect rations 参数控制图像比例

aspect rations（横纵比）指令用于更改生成图像的宽高比，通常用冒号分割两个数字，比如 7 ∶ 4 或者 4 ∶ 3。注意，aspect rations 指令中的冒号为英文字体格式，且数字必须为整数。Midjourney 的默认宽高比为 1 ∶ 1，效果如图 4-12 所示。

图 4-12　默认宽高比效果

用户可以在关键词后面添加 --aspect 指令或 --ar 指令指定图片的横纵比。例如，使用与图 4-12 相同的关键词，并在结尾处加上 --ar 3 ∶ 4 指令，即可生成相应尺寸的竖图，效果如图 4-13 所示。需要注意的是，在生成或放大图片的过程中，最终输出的尺寸效果可能会略有修改。

photo taking, full body, Chinese beauty, fair skin, complex details, stunning, high completion, high-definition, high-quality, ultimate details, master's work, 8k resolution --ar 3:4

图 4-13　生成相应尺寸的图片

4.2.3　用 chaos 指令控制图像差异化

在 Midjourney 中使用 --chaos（简写为 --c）指令，可以影响图片生成结果的变化程度，能够激发 AI 模型的创造能力，值（范围为 0 ～ 100，默认值为 0）越大，AI 模型越会有更多自己的想法。

在 Midjourney 中输入相同的关键词，较低的 --chaos 值具有更可靠的结果，生成的图片效果在风格、构图上比较相似，效果如图 4-14 所示；较高的 --chaos 值将产生更多不寻常和意想不到的结果和组合，生成的图片效果在风格、构图上的差异较大，效果如图 4-15 所示。

图 4-14　使用较低的 --chaos 值生成的图片效果

图 4-15　使用较高的 --chaos 值生成的图片效果

4.2.4　用 no 参数排除负面因素

在关键词的末尾处加上 --no xx 指令，可以让画面中不出现 xx 内容。例如，在关键词后面添加 --no plants 指令，表示生成的图片中不出现植物，效果如图 4-16 所示。

图 4-16　添加 --no plants 指令生成的图片效果

★ 专家提醒 ★

用户可以使用 imagine 指令与 Discord 上的 Midjourney Bot 互动，该指令用于通过简短的文本说明（即关键词）生成唯一的图片。Midjourney Bot 最适合使用简短的句子来描述你想要看到的内容，避免过长的关键词。

4.2.5　用 quality 参数控制图像质量

在关键词后面加 --quality（简写为 --q）指令，可以改变图片生成的质量，不过高质量的图片需要更长的时间来处理细节。更高的质量意味着每次生成耗费的图形处理器（Graphics Processing Unit，GPU）分钟数也会增加。

例如，通过 imagine 指令输入相应的关键词，并在关键词的结尾处加上 --quality .25 指令，即可以最快的速度生成细节最不详细的图片效果，可以看到花朵的细节变得非常模糊，如图 4-17 所示。

图 4-17 细节最不详细的图片效果

通过 imagine 指令输入相同的关键词，并在关键词的结尾处加上 --quality .5 指令，即可生成细节不太详细的图片效果，如图 4-18 所示，与不使用 --quality 指令时的结果差不多。

图 4-18 细节不太详细的图片效果

继续通过 imagine 指令输入相同的关键词，并在关键词的结尾处加上 --quality 1 指令，即可生成有更多细节的图片效果，如图 4-19 所示。

图 4-19　有更多细节的图片效果

4.2.6　用 stylize 参数控制图像风格化

在 Midjourney 中使用 stylize 指令，可以让生成的图片更具艺术性风格。较低的 stylize 值生成的图片与关键词密切相关，但艺术性较差，效果如图 4-20 所示。

图 4-20　使用较低的 stylize 值生成的图片效果

使用较高的 stylize 值生成的图片非常有艺术性，但与关键词的关联性也较低，AI 模型会有更多的自由发挥空间，效果如图 4-21 所示。

图 4-21　使用较高的 stylize 值生成的图片效果

4.2.7　用 stop 参数控制图像完成度

在 Midjourney 中使用 stop 指令，可以停止正在进行的 AI 绘画作业，然后直接出图。如果用户没有使用 stop 指令，则默认的生成步数为 100，得到的图片结果是非常清晰、翔实的，效果如图 4-22 所示。

图 4-22　没有使用 stop 指令生成的图片效果

以此类推，生成的步数越少，使用 stop 指令停止渲染的时间就越早，生成的图像也就越模糊。图 4-23 所示为使用 --stop 50 指令生成的图片效果，50 代表步数。

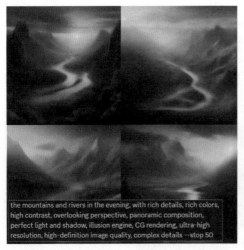

图 4-23　使用 stop 指令生成的图片效果

4.2.8　用 tile 参数重复磁贴

在 Midjourney 中使用 tile 指令生成的图片可用作重复磁贴，生成一些重复、无缝的图案元素，如瓷砖、织物、壁纸和纹理等，效果如图 4-24 所示。

图 4-24　使用 tile 指令生成的重复磁贴图片效果

4.2.9 用 iw 参数指定图像权重

在 Midjourney 中使用以图生图功能时，使用 iw 指令可以提升图像权重，即调整提示的图像（参考图）与文本部分（关键词）的重要性。

用户使用的 iw 值（.5 ～ 2）越大，表明上传的图片对输出的结果影响越大。注意，Midjourney 中指令的参数值如果为小数（整数部分是 0）时，只需加小数点即可，前面的 0 不用写。下面介绍 iw 指令的使用方法。

步骤 01 在 Midjourney 中使用 describe 指令上传一张参考图，并生成相应的关键词，如图 4-25 所示。

步骤 02 单击生成的图片，在弹出的预览图中单击鼠标右键，在弹出的快捷菜单中选择"复制图片地址"命令，如图 4-26 所示，复制图片链接。

图 4-25　生成相应的关键词

图 4-26　选择"复制图片地址"命令

步骤 03 调用 imagine 指令，将复制的图片链接和第 3 段关键词输入到 prompt 输入框中，并在后面输入 --ar 4：3 和 --iw 2 指令，如图 4-27 所示。

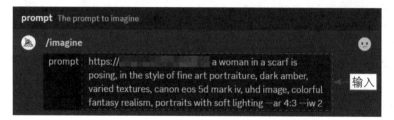

图 4-27　输入相应的图片链接、关键词和指令

步骤04 按【Enter】键确认，即可生成与参考图的风格极其相似的图片效果，如图 4-28 所示。

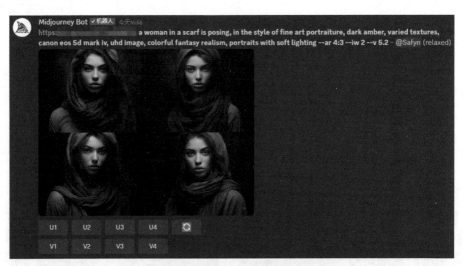

图 4-28　生成与参考图相似的图片效果

步骤05 单击 U2 按钮，生成第 2 张图的大图，效果如图 4-29 所示。

图 4-29　生成第 2 张图的大图

※ 本章小结

本章主要向读者介绍了 Midjourney 中常用的提示关键词以及参数指令，如控制材质的关键词、控制风格的关键词、控制背景的关键词，以及 version、aspect rations、chaos、no、quality、stylize、stop、tile、iw 等 AI 绘画指令的用法。希望读者学习了本章知识以后，能够更好地掌握用 Midjourney 生成 AI 绘画作品的操作方法。

※ 课后习题

鉴于本章知识的重要性，为了帮助读者更好地掌握所学知识，本节将通过课后习题，帮助读者进行简单的知识回顾和补充。

1. 使用 Midjourney 生成一张店铺背景的动物图片，如图 4-30 所示。

2. 使用 Midjourney 的 version 5.2 版本生成一张人物照片，效果如图 4-31 所示。

图 4-30　店铺背景的动物图片效果　　图 4-31　version 5.2 版本生成的人物照片效果

第 5 章　4 种 AI 绘画效果出片的流程

　　AI 绘画可以为艺术家提供创作灵感，同时也可以应用于美术绘画、插画设计、人像摄影、游戏开发等领域，提高工作效率和降低成本，拓展了艺术创作的可能性。本章主要介绍 4 种 AI 绘画的制作流程和实战案例。

5.1　以文生图：制作《雪山风景》风光画作

在利用 AI 生成图像时，首先要描述画面主体，即用户需要画一个什么样的东西，要把画面的主体内容讲清楚，通过文字描述的形式，将文字转化为图像并展示出来，这便是以文生图。本节将使用 ChatGPT 和 Midjourney 制作一张雪山风光的照片，让用户对 AI 绘画的操作更加了解。

5.1.1　用 ChatGPT 生成关键词

首先，在 ChatGPT 中输入相应的提示词，对 ChatGPT 的 AI 模型进行训练，让它了解我们想要的大致内容，如图 5-1 所示。

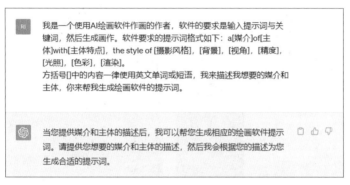

图 5-1　训练 ChatGPT 的 AI 模型

然后将我们想要生成的照片信息告诉 ChatGPT，让它生成符合要求的关键词，ChatGPT 的回答如图 5-2 所示。

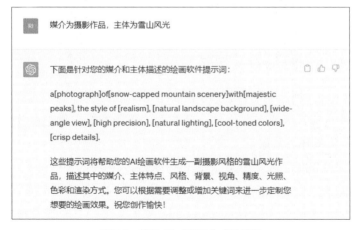

图 5-2　使用 ChatGPT 生成关键词

5.1.2 输入关键词自动生成照片

扫码看教学视频

在 ChatGPT 中生成照片关键词后，我们可以将其直接输入到 Midjourney 中生成对应的照片，具体操作方法如下。

步骤 01 在 Midjourney 中调用 imagine 指令，输入在 ChatGPT 中生成的照片关键词，如图 5-3 所示。

图 5-3 输入相应的关键词

步骤 02 按【Enter】键确认，Midjourney 将生成 4 张对应的图片，如图 5-4 所示。

图 5-4 生成 4 张对应的图片

5.1.3 添加摄影指令增强真实感

扫码看教学视频

从图 5-4 中可以看到，直接使用 ChatGPT 生成的关键词生成的图片仍然不够真实，因此需要添加一些专业的摄影指令来增强照片的真实感，具体操作方法如下。

步骤 01 在 Midjourney 中调用 imagine 指令输入相应的关键词，如图 5-5 所示，在上一例的基础上添加了相机型号、感光度等关键词，并将风格描述关键词修改为 "in the style of photo-realistic landscapes（大意为：具有照片般逼真的风景风格）"。

图 5-5　输入相应的关键词

步骤02 按【Enter】键确认，Midjourney 将生成 4 张对应的图片，可以提升画面的真实感，效果如图 5-6 所示。

图 5-6　Midjourney 生成的图片效果

5.1.4　添加细节元素丰富画面效果

扫码看教学视频

接下来在关键词中添加一些细节元素的描写，以丰富画面效果，使 Midjourney 生成的照片更加生动、有趣和吸引人，具体操作方法如下。

步骤01 在 Midjourney 中调用 imagine 指令，输入相应的关键词，如图 5-7 所示，主要是在上一例的基础上增加了关键词"a view of the mountains and river（大意为：群山和河流的景色）"。

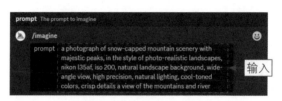

图 5-7　输入相应的关键词

步骤02 按【Enter】键确认，Midjourney 将生成 4 张对应的图片，可以看到画面中的细节元素更加丰富，不仅保留了雪山，而且前景处还出现了一条河流，效果如图 5-8 所示。

图 5-8　Midjourney 生成的图片效果

5.1.5　调整画面的光线和色彩效果

接下来在关键词中增加一些与光线和色彩相关的关键词，增强画面的整体视觉冲击力，具体操作方法如下。

扫码看教学视频

步骤01 在 Midjourney 中调用 imagine 指令，输入相应的关键词，如图 5-9 所示，主要是在上一例的基础上增加了光线、色彩等关键词。

图 5-9　输入相应关键词

步骤 02 按【Enter】键确认，Midjourney 将生成 4 张对应的图片，可以营造出更加逼真的影调，效果如图 5-10 所示。

图 5-10　Midjourney 生成的图片效果

5.1.6　提升 Midjourney 的出图品质

最后增加一些关于出图品质的关键词，并适当改变画面的纵横比，让画面拥有更加宽广的视野，具体操作方法如下。

扫码看教学视频

步骤 01 在 Midjourney 中调用 imagine 指令，输入相应的关键词，如图 5-11 所示，主要是在上一例的基础上增加了分辨率和高清画质等关键词。

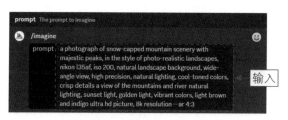

图 5-11　输入相应的关键词

步骤02 按【Enter】键确认，Midjourney 将生成画面更加清晰、细腻和真实的图片，选择其中最合适的一张进行放大，效果如图 5-12 所示。

图 5-12　放大 Midjourney 生成的图片

5.2　从主到次：制作《梦幻城堡》插画效果

在进行 AI 绘画的过程中，用户可以通过调整参数和设置，对生成的图像进行优化和改进，使其更符合自己的需求和审美标准。本节将以 Midjourney 为例，介绍制作《梦幻城堡》插画的基本流程，让用户对 AI 绘画的操作更加了解。

5.2.1 描述画面主体：梦幻城堡

扫码看教学视频

描述画面主体是指确定用户需要画什么样的东西，要把画面的主体内容讲清楚。我们可以通过 Midjourney 进行绘画，生成画面的主体效果图，具体操作方法如下。

步骤01 在 Midjourney 中通过 imagine 指令输入相应的关键词，如图 5-13 所示。

图 5-13 输入相应的关键词

步骤02 按【Enter】键确认，生成初步的图片效果，如图 5-14 所示。

图 5-14 生成初步的图片效果

5.2.2 补充画面细节：湖边花园

扫码看教学视频

补充画面细节主要是补充对主体的描述，如陪体、环境、景别、镜头、视角、灯光、画质等，让 AI 进一步理解你的想法。

例如，在上一例关键词的基础上，增加一些画面细节的描述，例如"garden near lake, Dream Gold Rose, Small pond, wide-angle lens, backlight, sun light, and ultra-high definition image quality（大意为：湖边花园，梦幻金玫瑰，有小池塘，广角镜头，逆光，太阳光线，影像品质）"，然后再次通过Midjourney生成图片，具体操作方法如下。

步骤01 在Midjourney中通过imagine指令输入相应的关键词，如图5-15所示。

图5-15 输入相应的关键词

★ 专家提醒 ★

画面细节包括光影、纹理、线条、形状等方面，通过细节描述可以使画面更具有立体感和真实感，让观众更深入地理解和感受画面所表达的主题和情感。

步骤02 按【Enter】键确认，即可生成补充画面细节关键词后的图片，效果如图5-16所示。

图5-16 补充画面细节关键词后的图片效果

5.2.3　指定画面色调：柔和色调

扫码看教学视频

绘画中的色调是指画面中整体色彩的基调和色调的组合，常见的色调包括暖色调、冷色调、明亮色调、柔和色调等。色调在绘画中起着非常重要的作用，可以传达画家想要表达的情感和意境。不同的色调组合还可以创造出不同的氛围和情感，从而影响观众对画作的感受和理解。

例如，在上一例关键词的基础上，删减一些无效关键词，并适当调整关键词的顺序，然后指定画面色调，如"soft colors（大意为：柔和色调）"，最后通过Midjourney生成图片，具体操作方法如下。

步骤01 在Midjourney中通过imagine指令输入相应的关键词，如图5-17所示。

图5-17　输入相应的关键词

步骤02 按【Enter】键确认，生成指定画面色调后的图片，效果如图5-18所示。

图5-18　指定画面色调后的图片效果

5.2.4 设置画面参数：提升细节

设置画面的参数能够进一步调整画面细节。例如，在上一例关键词的基础上，设置一些画面参数，如"4K（超高清画质）--chaos 60"，让画面的细节更加真实、精美，具体操作方法如下。

步骤01 在 Midjourney 中通过 imagine 指令输入相应的关键词，如图 5-19 所示。

图 5-19 输入相应的关键词

步骤02 按【Enter】键确认，生成设置画面参数后的图片，效果如图 5-20 所示。

图 5-20 设置画面参数后的图片效果

5.2.5 指定艺术风格：超现实主义

在 AI 绘画中指定作品的艺术风格，能够更好地表达作品的情感、思想和观点。例如，在上一例关键词的基础上，增加一个关于艺术风格的关键词，如"surrealism（超现实主义）"，再次通过 Midjourney 生成图片，具体操作方法如下。

步骤01 在 Midjourney 中通过 imagine 指令输入相应的关键词，如图 5-21 所示。

图 5-21 输入相应的关键词

步骤02 按【Enter】键确认，生成指定艺术风格后的图片，效果如图 5-22 所示。

图 5-22 指定艺术风格后的图片效果

5.2.6 设置画面尺寸：视觉效果

扫码看教学视频

画面尺寸的选择直接影响到画作的视觉效果，比如 16∶9 的画面尺寸可以获得更宽广的视野和更好的画质表现，而 9∶16 的画面尺寸则适合用于人物的全身照。例如，在上一例关键词的基础上设置相应的画面尺寸，如增加关键词"--aspect 16∶9"，再次通过 Midjourney 生成图片，具体操作方法如下。

步骤01 在 Midjourney 中通过 imagine 指令输入相应的关键词，如图 5-23 所示。

图 5-23 输入相应的关键词

步骤02 按【Enter】键确认，即可生成设置画面尺寸后的图片，选择其中一张进行放大，效果如图 5-24 所示。

图 5-24 最终图片效果

5.3 从外到内：制作《小清新人像》照片效果

利用 AI 技术生成的作品更加细腻、生动、自然，同时也提高了创作者的创作效率和成品的精美度。本节将介绍制作《小清新人像》照片效果的基本流程，帮助大家提升 AI 摄影作品的创意性和趣味性。

5.3.1　生成照片主体效果

扫码看教学视频

　　画面主体是照片的重要组成部分，是引导观众视线和表现摄影主题的关键元素。画面主体可以是人物、风景、物体等任何具有视觉吸引力的事物，同时需要在构图中得到突出，与背景形成明显的对比，使其更加凸显。下面介绍用画面主体描述关键词生成 AI 摄影作品的操作方法。

　　步骤01 在 Midjourney 中通过 imagine 指令输入相应的主体描述关键词，如"Girl wearing a white shirt, Chinese girl, with a floral background, full body photo（大意为：穿着白色衬衫的女孩，中国女孩，背景是花，全身照）"，如图 5-25 所示。

图 5-25　输入相应的关键词

　　步骤02 按【Enter】键确认，生成相应的图片，效果如图 5-26 所示。
　　步骤03 单击 U1 按钮，以第 1 张图为参考图，生成大图，效果如图 5-27 所示。

图 5-26　生成相应的图片　　　　　　　　　图 5-27　生成大图

★ 专家提醒 ★

　　在选择画面主体时，需要考虑摄影主题、画面效果、拍摄环境等因素，以便更好地表达摄影师的意图。同时，还需要考虑画面主体的位置、大小、角度等，以及与其他元素的关系，以达到更好的构图效果。

画面主体的选择和处理是 AI 摄影作品成功的重要因素之一，合适的画面主体可以提升 AI 摄影作品的质量和吸引力，使其更加出色和令人印象深刻。

5.3.2 设置中景画面景别

画面景别所体现的就是主体与环境的关系，不同的景别可以在画面中容纳不同面积的环境，从而影响画面的情绪表达。摄影中常用的画面景别有远景、全景、中景、近景、特写等类型。

扫码看教学视频

例如，在上一例关键词的基础上，增加一些画面景别和图片尺寸设置的关键词，如"mid-shot（中景）--ar 4:3"，并通过 Midjourney 生成图片，具体操作方法如下。

步骤01 在 Midjourney 中通过 imagine 指令输入相应的关键词，如图 5-28 所示。

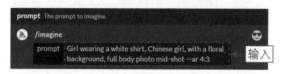

图 5-28 输入相应的关键词

步骤02 按【Enter】键确认，生成相应的图片，即可改变画面的景别和尺寸，让人物稍微靠近镜头一些，如图 5-29 所示。

图 5-29 生成相应的图片

5.3.3 设置背面拍摄角度

扫码看教学视频

在摄影中,拍摄角度指的是拍摄者相对于被拍摄物体的位置和角度,如俯拍、仰拍、平视、侧拍、斜拍、正面拍摄和背面拍摄等。同样,在 AI 摄影中,不同的角度也可以带来不同的视觉效果,传达不同的情感,影响着整个画面的构图和表现力。

例如,在上一例关键词的基础上,对关键词进行优化和修改,同时增加一些拍摄角度的关键词,如"the back(背面)",并通过 Midjourney 生成图片,具体操作方法如下。

步骤01 在 Midjourney 中通过 imagine 指令输入相应的关键词,如图 5-30 所示。

图 5-30 输入相应的关键词

步骤02 按【Enter】键确认,生成相应的图片,即可改变人物的拍摄角度,如图 5-31 所示。

图 5-31 生成相应的图片

5.3.4　设置光线角度为逆光

在摄影中，光线角度指的是光线照射被拍摄物体的方向和角度。不同的光线角度可以营造出不同的氛围和视觉效果，影响照片的色彩、明暗度和阴影等。常见的光线角度包括正面光、背光、侧光、逆光等。

例如，在上一例关键词的基础上，增加一些描述光线角度的关键词，如"Backlight shooting（逆光拍摄），sunlight（太阳光线）"，并通过 Midjourney 生成图片，具体操作方法如下。

步骤01 在 Midjourney 中通过 imagine 指令输入相应的关键词，如图 5-32 所示。

图 5-32　输入相应的关键词

步骤02 按【Enter】键确认，生成相应的图片，即可改变画面中的光线角度，如图 5-33 所示。

图 5-33　生成相应的图片

5.3.5 设置主体构图方式

采用不同的构图方式可以使画面更加有序、平衡、稳定或富有张力，能够帮助用户更好地表达自己的创作意图，为画面增添更多的视觉魅力。

例如，在上一例关键词的基础上，对关键词进行修改，增加一些描述构图方式的关键词，如"Main composition（主体构图）"，并通过 Midjourney 生成图片效果，具体操作方法如下。

步骤01 在 Midjourney 中通过 imagine 指令输入相应的关键词，如图 5-34 所示。

图 5-34 输入相应的关键词

步骤02 按【Enter】键确认，生成相应的图片，即可调整画面的构图方式，如图 5-35 所示。

图 5-35 生成相应的图片

★ 专家提醒 ★

主体构图是指将被摄物体作为画面中最重要的元素，并通过合适的构图方式将其突出展现，从而使整张照片更加生动、有趣、有表现力。通常用于人像摄影、风景摄影及艺术摄影。

5.3.6 设置人像摄影风格

扫码看教学视频

摄影风格是摄影师在创作时所采用的一系列表现手法和风格特征，它们能够反映出摄影师的个性和风格。用户可以根据自己的喜好和创作目的选择合适的摄影风格来提升照片的画面效果。

例如，在上一例关键词的基础上，增加描述摄影风格的关键词，如"portrait（人像摄影）"，并通过 Midjourney 生成图片，具体操作方法如下。

步骤01 在 Midjourney 中通过 imagine 指令输入相应的关键词，如图 5-36 所示。

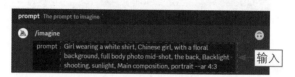

图 5-36　输入相应的关键词

步骤02 按【Enter】键确认，生成相应的图片，即可改变画面的摄影风格，呈现出真实、自然的人物形象，如图 5-37 所示。

图 5-37　生成相应的图片

步骤 03 单击 U2 按钮，以第 2 张图为参考图，生成大图，效果如图 5-38 所示。

图 5-38　生成大图效果

★ 专家提醒 ★

　　常见的摄影风格包括纪实摄影、人像摄影、风光摄影、艺术摄影、时尚摄影等，每种摄影风格都有其独特的魅力和表现方式。

5.4　应用参数：制作《像素世界》游戏场景

　　游戏场景是指游戏中的环境，包括树木、建筑、天空、道路等元素。游戏场景是环境中不可缺少的部分，能够增强游戏玩家的游戏体验感，增强玩游戏的乐趣。用户通过运用 Midjourney 中的各种命令参数，可以实现游戏场景的快速创建。本节将介绍利用 AI 生成游戏场景的详细步骤，让用户对 AI 功能更加熟悉。

5.4.1　用 describe 指令生成关键词

　　在 Midjourney 中使用 describe 指令可以快速获取图片的关键词，减少发掘关键词所花费的时间，利用 describe 指令生成的关键词会更加符合原图，具体操作方法如下。

扫码看教学视频

步骤 01 在 Midjourney 中选择 describe 指令，单击上传按钮，如图 5-39 所示。

步骤 02 弹出"打开"对话框，选择相应的图片，单击"打开"按钮将图片添加到 Midjourney 的图片框中，如图 5-40 所示。

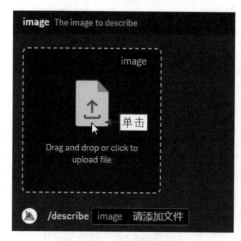

图 5-39 单击上传按钮　　　　　　　　　　图 5-40 单击"打开"按钮

步骤 03 按两次【Enter】键确认，随后 Midjourney 会根据用户上传的图片生成 4 段关键词，如图 5-41 所示。

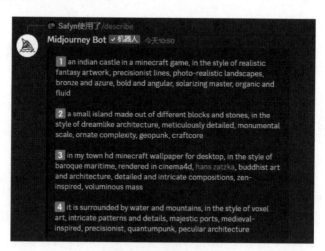

图 5-41 生成 4 段关键词

5.4.2 用 imagine 指令生成画面主体

在使用 describe 指令生成关键词后，我们可以选择合适的一段关键词利用 imagine 指令生成画面主体，具体操作方法如下。

扫码看教学视频

步骤01 在生成的关键词中选择一段复制并粘贴至imagine指令的输入框中，然后进行适当的修改，如图5-42所示。

图5-42 将关键词粘贴至imagine指令的输入框中

步骤02 按【Enter】键确认，生成游戏画面主体，如图5-43所示。

图5-43 生成游戏画面主体

★ 专家提醒 ★

像素风格的游戏通常具有简单性和明确性。这种特性虽然看似简单，但实际上可以通过像素点的排列和配色来表现出多种不同的风格。开发者在像素风格下有更大的艺术创作空间，可以创造出独特的、个性化的游戏世界。

5.4.3 用 aspect rations 参数设置画面比例

横向的画面能容纳更多的景物，我们可以用 aspect rations 参数将画面比例设置为 4∶3，具体操作方法如下。

步骤 01 通过 imagine 指令输入相应的关键词，然后在关键词的基础上添加参数 --ar 4:3，如图 5-44 所示。

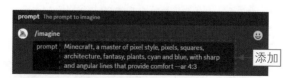

图 5-44　添加参数 --ar 4:3

步骤 02 按【Enter】键确认，即可将画面比例更改为 4∶3，效果如图 5-45 所示。

图 5-45　更改画面比例生成的图片

5.4.4 用 quality 参数设置画面渲染质量

用 quality 参数设置画面渲染质量可以使生成的图像产生更多细节，从而使图片更加精美，具体操作方法如下。

步骤01 通过 imagine 指令输入相应的关键词，然后在关键词的基础上添加参数 --q 2，如图 5-46 所示。

图 5-46 添加参数 --q 2

步骤02 按【Enter】键确认，即可改变画面渲染质量，效果如图 5-47 所示。

图 5-47 更改画面渲染质量生成的图片

5.4.5 用 stylize 参数控制画面风格化

使用 stylize 参数可以调整图片的艺术风格化，我们可以通过设置 stylize 值使生成的画面更具有艺术性，具体操作方法如下。

扫码看教学视频

步骤01 通过 imagine 指令输入相应的关键词，然后在关键词的基础上添加参数 --stylize 100，如图 5-48 所示。

图 5-48　添加参数 --stylize 100

步骤 02 按【Enter】键确认，生成更具有艺术性的图片，效果如图 5-49 所示。

图 5-49　生成更具有艺术性的图片

步骤 03 单击 U2 按钮，选择第 2 张图片进行放大，效果如图 5-50 所示。

图 5-50　放大图片的效果

※ 本章小结

本章主要向读者介绍了 4 种 AI 绘画效果的出片流程，帮助读者了解不同的 AI 绘图方式，希望读者学以致用，真正习得用法。

※ 课后习题

鉴于本章知识的重要性，为了帮助读者更好地掌握所学知识，本节将通过课后习题，帮助读者进行简单的知识回顾和补充。

1. 使用 Midjourney 生成一张森林插画，效果如图 5-51 所示。

图 5-51　森林插画效果

2. 补充插画的细节并设置画面参数，效果如图 5-52 所示。

图 5-52　补充插画细节并设置画面参数后的画面效果

第 6 章　MJ+ 摄影：创作人像和风景照片

　　AI 摄影是一门具有高度艺术性和技术性的创意活动。其中，人像、风光和黑白作为热门的主题，在展现瞬间之美的同时，也体现了用户对生活、自然和世界的独特见解与审美体验。本章将介绍一些 AI 摄影绘画常用的指令和案例，帮助大家快速创作出高质量的摄影照片。

6.1 生成摄影照片的5大要素

要想创作出引人注目、富有创意的摄影作品，首先要了解镜头、景别、构图、光线、视角这 5 大要素，本节将围绕这 5 大要素，帮助大家快速创作出高质量的摄影照片，让用户对"Midjourney+ 摄影"的操作更加熟悉。

6.1.1 控制镜头的关键词

不同的镜头类型具有独特的特点和用途，它们为摄影师提供了丰富的创作选择。在 AI 摄影中，用户也可以根据主题和创作需求，添加合适的镜头类型指令来表达自己的视觉语言。

1. 标准镜头

标准镜头（standard lens）也称为正常镜头或中焦镜头，通常指焦距为 35 ～ 50mm 的镜头，能够以自然、真实的方式呈现被摄主体，使画面具有较为真实的感觉，效果如图 6-1 所示。

a young girl wearing a white dress is walking on a street, in the style of chinapunk, realistic yet romantic, light white and light pink, Tamron SP 45mm f/1.8 Di VC USD, heatwave, street scene --ar 3:4

图 6-1 模拟标准镜头生成的照片效果

在 AI 摄影中，常用的标准镜头关键词有：Nikon AF-S NIKKOR 50mm f/1.8G、Sony FE 50mm f/1.8、Sigma 35mm f/1.4 DG HSM Art、Tamron SP 45mm f/1.8 Di VC USD。标准镜头类关键词适用于多种 AI 摄影题材，例如人像摄影、风光摄影、街拍摄影等，使它成为一种通用的镜头选择。

2. 广角镜头

广角镜头（wide-angle lens）是指焦距较短的镜头，焦距通常小于标准镜头，它具有广阔的视角和大景深，能够让照片更具震撼力和视觉冲击力，效果如图 6-2 所示。

sunset over rocks and open water after sunset, in the style of serene seascapes, wide angle, Sigma 14-24mm f/2.8 DG HSM Art, reflections, light sky-blue and dark brown, vivid landscapes, ethereal cloudscapes, slow motion, national geographic photo, high quality photo --ar 3:2

图 6-2　模拟广角镜头生成的照片效果

在 AI 摄影中，常用的广角镜头关键词有：Canon EF 16-35mm f/2.8L III USM、Nikon AF-S NIKKOR 14-24mm f/2.8G ED、Sony FE 16-35mm f/2.8 GM、Sigma 14-24mm f/2.8 DG HSM Art。

3. 长焦镜头

长焦镜头（telephoto lens）是指具有较长焦距的镜头，它提供了更窄的视角和较高的放大倍率，能够拍摄远距离的主体或捕捉画面细节。

在 AI 摄影中，常用的长焦镜头关键词有：nikon af-s nikkor 70-200mm f/2.8e fl ed vr、Canon EF 70-200mm f/2.8L IS III USM、Sony FE 70-200mm f/2.8 GM OSS、Sigma 150-600mm f/5-6.3 DG OS HSM Contemporary。

使用长焦镜头相关的关键词可以压缩画面景深，"拍摄"远处的风景，呈现出独特的视觉效果，如图 6-3 所示。

the sun and the reeds are in the background of this shot, in the style of nikon d850, nikon af-s nikkor 70-200mm f/2.8e fl ed vr, sparkling water reflections, tranquil serenity, orange and black, water and land fusion, time-lapse photography, lens flares --ar 16:9

图 6-3　模拟长焦镜头生成的风景照片效果

4. 全景镜头

全景镜头（panoramic lens）是一种具有极宽广视野范围的特殊镜头，它可以捕捉到水平方向上更多的景象，从而将大型主体的全貌完整地展现出来，让观众有身临其境的感觉，效果如图 6-4 所示。

mountain streams, waterfalls, a white waterfall with a large body of water in front of it, in the style of Canon EF 11-24mm f/4L USM, 32k uhd, brushstroke fields, lively and energetic, shiny --ar 125:54

图 6-4　模拟全景镜头生成的照片效果

在 AI 摄影中，常用的全景镜头关键词有：Canon EF 11-24mm f/4L USM、

Tamron SP 15-30mm F/2.8 Di VC USD G2、Samyang 12 mm f/2.0 NCS CS、Sigma 14mm f/1.8 DG HSM Art、Fujifilm XF 8-16mm F2.8 R LM WR。

6.1.2 控制景别的关键词

摄影中的镜头景别通常是指主体对象与镜头的距离，表现出来的效果就是主体在画面中的大小，如远景、全景、中景、近景、特写等。

在 AI 摄影中，合理地使用镜头景别关键词可以达到更好的画面表达效果，并在一定程度上突出主体对象的特征和情感，以表达出用户想要传达的主题和意境。

1. 远景

远景（wide angle）又称为广角视野，是指以较远的距离拍摄某个场景或大环境，呈现出广阔的视野和大范围的画面效果，如图 6-5 所示。

图 6-5　远景效果

在 AI 摄影中，使用关键词 wide angle 能够将人物、建筑或其他元素与周围环境相融合，突出场景的宏伟壮观和自然风貌。另外，使用 wide angle 还可以表现出人与环境之间的关系，以及起到烘托氛围和衬托主体的作用，使得整个画面更富有层次感。

2. 全景

全景（full shot）是指将整个主体对象完整地展现于画面中，可以使观众更好地了解到主体的形态和特点，并进一步感受到主体的气质与风貌，效果如图6-6所示。

chinese young woman, wearing pale blue gown, standing in wheat field, full shot, in the style of i can't believe how beautiful this is, gossamer fabrics, romantic scenery, white and blue, translucent color, dark brown and azure --ar 4:3

图6-6　全景效果

在AI摄影中，使用关键词full shot可以更好地表达被摄主体的自然状态、姿态和大小，将其完整地呈现出来。同时，full shot还可以作为补充元素，用于烘托氛围和强化主题，以及更加生动、具体地把握主体对象的情感和心理变化。

3. 中景

中景（medium shot）是指将人物主体的上半身（通常为膝盖以上）呈现在画面中，可以展示出一定程度的背景环境，同时也能够使主体更加突出，效果如图6-7所示。中景画面中人物的整体形象和环境空间居次要位置，它更注重具体动作和情节。中景景别以表现某一事物的主要部分为中心，突出画面中人物的视线、人物的动作线、人和人及人与物之间的关系线等，反映出比较强的画面结构线和人物交流区域，形成视觉效果良好的拍摄效果。

在AI摄影中，使用关键词medium shot可以将主体完全填充于画面中，使得观众更容易与主体产生共鸣，同时还可以创造出更加真实、自然且具有文艺性的画面效果，为照片注入生命力。

图 6-7　中景效果

4. 近景

近景（medium close up）是指将人物主体的头部和肩部（通常为胸部以上）完整地展现于画面中，能够突出人物的面部表情和细节特点，效果如图 6-8 所示。

图 6-8　近景效果

在 AI 摄影中，使用关键词 medium close up 能够很好地表现出人物主体的表情细节，使画面的效果更加丰富。

5. 特写

特写（close up）是指将主体对象的某个部位或细节放大呈现于画面中，强调其重要性和细节的特点，如人物的头部，效果如图 6-9 所示。

图 6-9　特写效果

6.1.3　控制构图的关键词

构图是指在摄影创作中，通过调整视角、摆放被摄对象和控制画面元素等复合技术手段来塑造画面效果的艺术表现形式。同样，在 AI 摄影中，通过运用各种构图关键词，可以让主体对象呈现出最佳的视觉表达效果，进而营造出所需的气氛和风格。

1. 对称构图

对称构图（symmetry/mirrored）是指将被摄对象平分成两个或多个相等的部分，在画面中形成左右对称、上下对称或者对角线对称等不同的形式，从而产生一种平衡和富有美感的画面效果，如图 6-10 所示。

图 6-10　对称构图效果

2. 前景构图

前景构图（foreground）是指通过前景元素来强化主体的视觉效果，以产生一种具有视觉冲击力和艺术感的画面效果，如图 6-11 所示。前景通常是指相对靠近镜头的物体，背景（background）则是指位于主体后方且远离镜头的物体或环境。

图 6-11　前景构图效果

在 AI 摄影中，使用关键词 foreground 可以丰富画面色彩和层次，并且能够增加照片的丰富度，让画面变得更为生动、有趣。在某些情况下，foreground 还可以用来引导视线，更好地吸引观众的目光。

3. 中心构图

中心构图（center the composition）是指将主体对象放置于画面的正中央，使其尽可能地处于画面的对称轴上，从而让主体在画面中显得非常突出和集中，效果如图 6-12 所示。在 AI 摄影中，使用关键词 center the composition 可以有效突出主体的形象和特征，适用于花卉、鸟类、宠物和人像等类型的照片。

orange flower with dark streaks in it, in the style of mesmerizing optical illusions, center the composition, uhd image --ar 16:9

图 6-12　中心构图效果

6.1.4　控制光线的关键词

在 AI 摄影中，合理地加入一些光线关键词，可以创造出不同的画面效果和氛围感，如阴影、明暗、立体感等。通过加入光源角度、强度等关键词，可以对画面主体进行突出或柔化处理，调整场景氛围，增强画面的表现力，从而深化 AI 照片的内容。下面主要介绍 AI 摄影常用的光线类型。

1. 侧光

侧光（raking light）是指从侧面斜射的光线，通常用于强调主体对象的纹理和形态。在 AI 摄影中，使用关键词 raking light 可以突出主体对象的表面细节和立体感，在强调细节的同时也会增强色彩的对比和明暗反差效果。

另外，对于人像类 AI 摄影作品，关键词 raking light 能够强化人物的面部轮廓，让人物的五官更加立体，塑造出独特的气质和形象，效果如图 6-13 所示。

a pretty girl is sitting on the stairs with her hand on her chest, schoolgirl lifestyle, youthful protagonists, uniformly staged images, sunrays shine upon it, raking light, uhd image --ar 4:3

图 6-13　侧光效果

2. 顶光

顶光（top light）是指从主体的上方垂直照射下来的光线，能让主体的投影垂直显示在下面。关键词 top light 非常适合生成食品和饮料等 AI 摄影作品，能够增加视觉诱惑力，效果如图 6-14 所示。

chicken wings in hot sauce on a serving plate, hard-edged lines, dark orange, soft, dream-like quality, linear delicacy, top light, luminous quality --ar 16:9

图 6-14　顶光效果

3. 顺光

顺光（front lighting）指的是主体被光线直接照亮的情况，也就是被摄主体面朝着光源的方向。在 AI 摄影中，使用关键词 front lighting 可以让主体看起来更加明亮、生动，轮廓线更加分明，具有立体感，能够把主体和背景隔离开来，增强画面的层次感，效果如图 6-15 所示。

a asia woman girl smiling wearing a plaid shirt and skirt is sitting near water, front lighting, in the style of chinapunk, ricoh ff-9d, light navy and red, street style, academic style, 32k uhd --ar 4:3

图 6-15　顺光效果

此外，顺光还可以营造出一种充满活力和温暖的氛围。不过，需要注意的是，如果阳光过于强烈或者角度不对，也可能会导致照片出现过曝或者阴影严重等问题。当然，用户也可以在后期使用 Photoshop 对照片光影进行优化处理。

4. 逆光

逆光（back light）是指从主体的后方照射过来的光线，在摄影中也称为背光。在 AI 摄影中，使用关键词 back light 可以营造出强烈的视觉层次感和立体感，让物体轮廓更加分明、清晰，在生成人像类和风景类的照片时效果非常好。

特别是在用 AI 模型绘制夕阳、日出、落日和水上反射等场景时，back light 能够产生剪影和色彩渐变，给照片带来极具艺术性的画面效果，如图 6-16 所示。

at sunset, photo of young chinese girl standing in a grassy field on a sunset, with the sunset sky behind him, in the style of northern china's terrain, sunrays shine upon it, back light, solarization effect --ar 16:9

图 6-16　逆光效果

6.1.5　控制视角的关键词

构图视角是指镜头位置和主体的拍摄角度，通过合适的构图视角控制，可以增强画面的吸引力和表现力，为照片带来最佳的观赏效果。下面主要介绍 4 种控制 AI 摄影构图视角的方式，帮助大家生成不同视角的照片效果。

1. 正面视角

正面视角（front view）也称为正视图，是指将主体对象置于镜头前方，让其正面朝向观众。这种拍摄角度的拍摄者与被摄主体平行，效果如图 6-17 所示。

asian girl with yellow shorts and yellow hat sitting on road, front view, in the style of feminine portraiture, tokina at-x 11-16mm f/2.8 pro dx ii, street pop, wide angle lens, anime-inspired, simple and elegant style cute and colorful --ar 125:54

图 6-17　正面视角效果

2. 侧面视角

侧面视角分为左侧视角（ left side view ）和右侧视角（ right side view ）两种角度。左侧视角是指将镜头置于主体对象的左侧，常用于展现人物的神态和姿态，或突出左侧轮廓中有特殊含义的场景，效果如图 6-18 所示。

a young asian woman with a flower in her hands, left side view, in the style of sunrays shine upon it, light yellow and light brown, tokina at-x 11-16mm f/2.8 pro dx ii, light yellow and light green and light red, matte photo --ar 3:4

图 6-18　左侧视角效果

3. 背面视角

背面视角（back view）也称为后视图，是指将镜头置于主体对象后方，从其背后拍摄的一种构图方式，效果如图6-19所示。

在AI摄影中，使用关键词back view可以突出被摄主体的背面轮廓和形态，并能够展示出不同的视觉效果，营造出神秘、悬疑或引人遐想的氛围。

图 6-19　背面视角效果

6.2　人像AI摄影实例分析

在所有的摄影题材中，人像的拍摄占据着非常大的比例，因此如何用 AI 模型生成人像照片也是很多初学者急切希望学会的。多学、多看、多练、多积累关键词，这些都是创作优质 AI 人像摄影作品的必经之路。

6.2.1　公园人像

公园人像摄影是一种富有生活气息和艺术价值的摄影主题，通过在公园中捕捉人物的姿态、表情、动作等瞬间画面，可以展现出人物的性格、情感和个性魅力，同时公园的环境也能够让照片显得更加自然、舒适、和谐，效果如图 6-20 所示。

a chinese girl is seated on a park bench with a tree behind her, graceful movements, in the style of samyang 14mm f/2.8 if ed umc aspherical, sunrays shine upon it, white and orange, high resolution, joyful and optimistic, stylish --ar 4:3

图 6-20　公园人像效果

公园人像摄影能够把自然环境与人物的个性特点完美地融合在一起，使照片看起来自然而又具有动态变化。在通过 AI 模型生成公园人像照片时，关键词的相关要点如下。

（1）场景：长椅、草坪、湖畔等都可以作为场景，并附上美化用的花草，或者加入宠物、花卉等元素。

（2）方法：在阳光明媚的天气下，使用不同角度的自然光线，在感染人们心情的同时，也传达出喜悦之情。灵活应用人物动作、表情和场景元素等可以进一步丰富照片的内涵，采用不同的角度与姿势，可以使照片更富生机。

6.2.2 街景人像

街景人像摄影通常是在城市街道或公共场所拍摄到的具有人物元素的照片，既关注了城市环境的特点，也捕捉了人们的日常行为，抒发了人物的情感，可以展现出城市生活的千姿百态，效果如图6-21所示。

图 6-21　街景人像效果

街景人像摄影力求抓住当下社会和生活的变化，强调人物表情、姿态和场景环境的融合，让观众从照片中感受到城市生活的活力。在通过 AI 模型生成街景人像照片时，关键词的相关要点如下。

（1）场景：可以选择城市中充满浓郁文化的街道、小巷等地方，利用建筑物、灯光、路标等元素来构建照片的环境。

（2）方法：捕捉阳光下人们自然的面部表情、姿势、动作作为基本主体，同时通过运用线条、角度、颜色等对环境进行描绘，打造独属于大都市的拍摄风格与氛围。

6.2.3　室内人像

室内人像摄影是指拍摄具有个人或群体特点的照片，通常在室内环境下进行，可以更好地捕捉人物表情、肌理和细节特征，同时背景和光线的控制也更容易，效果如图 6-22 所示。

图6-22　室内人像效果

室内人像摄影可以追求高度个性化的场景表现和特点突出的个人形象，展现出真实的人物状态和情感，并呈现人物的人格内涵和个性特点。在通过 AI 模型生成室内人像照片时，关键词的相关要点如下。

（1）场景：多以室内空间为主，如室内的客厅、书房、卧室、咖啡馆等场所，注意场景的装饰、气氛、搭配等元素，使其与人物的形象特点相得益彰。

（2）方法：可以利用临窗或透光面积较大的位置，运用自然光线和补光灯尽可能还原真实的人物肤色与明暗分布，并且可以通过虚化背景来突出人物主体，呈现出高品质的照片效果。

6.2.4　古风人像

古风人像是一种以古代风格、服饰和氛围为主题的人像摄影题材，它追求传统美感，通过细致的布景、服装和道具，将人物置于古风背景中，打造出古典而优雅的画面，效果如图 6-23 所示。

a girl holds an asian style guzheng, in the style of cherry blossoms, light green and light amber, rim light, softly luminous, flickr, light maroon and light green, sheet film, traditional costumes, Silk, Classicalarchitecture --ar 3:2

图 6-23　古风人像效果

古风人像是一种极具中国传统和浪漫情怀的摄影题材，强调古典气息、文化内涵与艺术效果相结合的表现手法，旨在呈现优美、清新、富有感染力的画面。在通过 AI 模型生成古风人像照片时，关键词的相关要点如下。

（1）场景：装修考究的复古建筑、自然山水之间或者其他有着浓郁中式风格的环境，也可以搭配具有年代背景或者文化元素的道具，在照片中再现场景的古风韵味和人物的婉约美感。

（2）方法：除了对传统服饰和发型的描述，还可以尝试让人物整体构图表现出各种优美的姿态，尽最大可能去呈现传统服饰飘逸的线条和纹理。另外，还需要充分利用色彩、光影等元素来营造出浓烈的古典风情。

6.3 风光AI摄影实例分析

风光摄影是一种旨在捕捉自然美的摄影题材，在利用 AI 绘画摄影风格的作品时，用户需要通过构图、光影、色彩等关键词，用 AI 模型生成自然景色的照片，展现出大自然的魅力和神奇之处，将想象中的风景变成风光摄影大片。

6.3.1 水景风光

水景风光摄影常常能够传达出一种平静、清新的感觉，水体的流动、涟漪和反射等元素赋予了照片一种静谧的氛围，效果如图 6-24 所示。

a lake reflecting clouds on it's surface, in the style of mountainous vistas, in the style of nature-inspired imagery, soft mist, clear edge definition, hikecore, 32k uhd --ar 4:3

图 6-24　水景风光效果

水景风光摄影旨在传达大自然中水的美感和力量，表现水的多样化和无穷魅力，让观众感受到水所带来的宁静、美丽和希望。在通过 AI 模型生成水景风光照片时，关键词的相关要点如下。

（1）场景：包括河流、湖泊、海洋等各种自然水体环境，通过加入树林、山脉、岸边等元素，营造与水体交汇的视觉特效，强调自然之美。

（2）方法：通过关键词准确描述水面的颜色、质感、流动、反射等特点，从而表现出水景风光的美丽和优雅。

6.3.2 山景风光

山景风光是一种以山地自然景观为主题的摄影题材，通过表现大自然之美和壮观之景，传达人们对自然的敬畏和欣赏的态度，同时也能够给观众带来喜悦与震撼的感觉，效果如图 6-25 所示。

图 6-25 山景风光效果

山景风光摄影追求表现大自然美丽、宏伟的景象，展现山地自然景观的雄奇壮丽。在通过 AI 模型生成山景风光照片时，关键词的相关要点如下。

（1）场景：通常包括高山、峡谷、山林、瀑布、湖泊、日出日落等，通过将山脉、天空、水流、云层等元素结合在一起，营造出高山秀丽或柔和舒缓的自然环境。

（2）方法：在关键词中强调色彩的明度、清晰度和画面上的层次，同时可以采用不同的天气和时间来达到特定的场景效果。在构图上采取对称、平衡等手法，展现场景的宏伟与细节。

6.3.3　太阳风光

太阳风光是一种将自然景观和太阳光芒融合为一体的摄影题材，主要表现太阳在不同时间和位置创造的绚丽光影效果。图6-26所示为夕阳照片效果，此时虽然太阳已经落山，但它留下的光芒在天空中形成了五颜六色的彩霞，展现了日落画面的美丽和艺术性。

图6-26　夕阳照片效果

太阳风光摄影主要用于展现日出或日落时的天空景观，重点在于呈现光线的无穷魅力。在通过AI模型生成太阳风光照片时，关键词的相关要点如下。

（1）场景：包括日出、日落、太阳光影效果等，同时需要选择适合的地点，例如河边、湖边、城市、山顶、海边、沙漠等，可以更好地展现出日光的质感和纹理。

（2）方法：强调色彩、光影等因素，以创造出丰富、特殊的太阳光影效果。

6.3.4　雪景风光

雪景风光是一种将自然景观和冬季的雪融合为一体的摄影题材，通过营造寒冷环境下的视觉神韵，表现季节的变化，并带有一种安静、清新、纯洁的气息，效果如图6-27所示。

雪景风光摄影可以传达出一种寒冷环境下人类与自然的交融感，表现出冬季大自然波澜壮阔的魅力。在通过AI模型生成雪景风光照片时，关键词的相关要点如下。

（1）场景：选择适合的雪天场景，如森林、山区、湖泊、草原等。

（2）方法：关键词需要准确地描述出白雪的特点，使画面充满神秘、纯净、恬静、优美的氛围，表现雪景独有的魅力。

图 6-27 雪景风光效果

6.4 黑白AI摄影实例分析

黑白摄影是一种使用黑白色调来表现图像的摄影形式。与其他摄影形式不同，黑白摄影通过去除彩色元素，专注于表现照片中的光影、纹理、形态和构图等方面。通过黑白摄影，摄影师可以更加关注照片中的形式美、光影变化、纹理和细节。

黑白摄影作品能够以更简洁、纯粹的方式表达主题和情感，使观众更加专注于照片所传达的意境和感受。在绘图当中添加关键词"black and white（黑白）"，即可生成黑白摄影照片。本节将向大家介绍 4 种黑白 AI 摄影风格的实例分析，让大家对 AI 摄影更加了解。

6.4.1 对称风格

对称风格的黑白摄影作品以对称性为主要构图特点，它强调图像中的元素在水平、垂直或中心轴线周围的对称排列。这种风格常常用于捕捉平衡、简洁和宁静的画面，它能够通过突出主题的稳定性和对称性来吸引观众的目光，效果如图 6-28 所示。

图 6-28　对称风格黑白摄影作品

6.4.2　光影艺术

光影艺术是一种通过对光线和阴影的巧妙运用来表现艺术效果的黑白摄影风格。这种摄影风格强调利用黑白色调来展现图像的纹理、线条和构图，如图 6-29 所示，以突出摄影师对光影变化的敏感度。光影艺术风格的黑白摄影作品往往具有较强的艺术性和表现力，因为在去除了彩色之后，观众更能集中注意力在图像的内容和形式上。

图 6-29　光影艺术风格的黑白摄影作品

6.4.3 极简风格

极简风格的黑白摄影作品具有简洁的特点，没有冗余元素。它强调通过简化图像元素和排除多余的细节来表达主题，使用黑白色调将图像还原成单一的灰度层次，使观众更集中地感受图像所表达的主题或情感，如图 6-30 所示。

birds fly down the tall building in black and white, in the style of ethereal minimalism, moody colors, vancouver school, mist, flickr, samyang af 14mm f/2.8 rf, photo taken with nikon d750 --ar 4:3

图 6-30　极简风格的黑白摄影作品

6.4.4 超现实主义风格

超现实主义风格的黑白摄影将超现实主义艺术理念应用在黑白摄影创作上。在摄影中，超现实主义风格通常通过非传统的手法和图像处理来创造出超越现实的视觉效果，如图 6-31 所示。

★ 专家提醒 ★

超现实主义风格不拘泥于客观存在的对象和形式，而是试图反映人物的内在感受和情绪状态，这类 AI 摄影作品能够为观众带来前所未有的视觉冲击力。

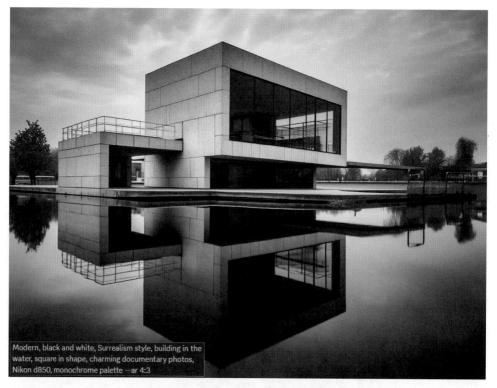

Modern, black and white, Surrealism style, building in the water, square in shape, charming documentary photos, Nikon d850, monochrome palette --ar 4:3

图 6-31　超现实主义风格的黑白摄影作品

※ 本章小结

　　本章主要向读者介绍了 AI 摄影绘画的专业摄影指令和实例，包括生成摄影照片的 5 大要素、人像 AI 摄影实例分析、风光 AI 摄影实例分析、黑白 AI 摄影实例分析，相信读者学习本章知识后，能够更好地用 AI 绘画工具生成专业的摄影作品，并在课后多加练习，熟练掌握。

※ 课后习题

　　鉴于本章知识的重要性，为了帮助读者更好地掌握所学知识，本节将通过课后习题，帮助读者进行简单的知识回顾和补充。

　　1. 使用 AI 生成街景人像摄影图片，如图 6-32 所示。

　　2. 使用 AI 生成雪景风光摄影图片，如图 6-33 所示。

图 6-32　街景人像摄影图片

图 6-33　雪景风光摄影图片

第 7 章　MJ+LOGO：快速设计品牌 LOGO

　　一个独特、简洁而又易于识别的品牌 LOGO，能够在潜在客户和消费者中建立辨识度。使用 AI 生成 LOGO 可以在短时间内生成大量的设计方案，迅速提供多样化的选择。本章将为大家详细介绍生成 LOGO 的步骤，以及 LOGO 效果的实例分析。

7.1　生成LOGO的步骤

　　LOGO（标志）是一个特定品牌、组织、产品或服务的图形化符号或标志，它是一种简洁而独特的设计，通常由特定的图形或字母构成。一个成功的LOGO设计能够为品牌或组织建立强大的识别系统和形象，并在市场竞争中脱颖而出。本节向大家介绍如何使用AI功能生成LOGO，以及生成LOGO的一些技巧。

7.1.1　确定 LOGO 主体

　　使用 Midjourney 生成 LOGO，首先要确定 LOGO 的主体，例如字母或者动物。这里我们以生成字母 V 的 LOGO 为例，生成 LOGO 的主体，具体操作如下。

扫码看教学视频

　　步骤01 在 Midjourney 中调用 imagine 指令，输入描述 LOGO 主体的关键词"a simple logo of the letter 'V'（大意为：字母'V'的简单标志）"，如图 7-1 所示。

图 7-1　输入相应的关键词

　　步骤02 在此关键词的基础上，我们继续添加一些生成 LOGO 需要使用的关键词 "smooth edges（平滑边缘），simple design（简单的设计），simple colouring（简单着色），simplistic details（简单化的细节）" 如图 7-2 所示。

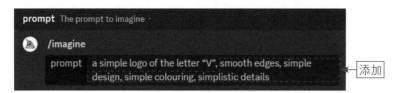

图 7-2　添加相应的关键词

★ 专家提醒 ★

　　LOGO 应该是简单明了的，避免过多的复杂元素，这样可以增加 LOGO 的可识别性和可复制性。确保设计的 LOGO 不会侵犯他人的版权，避免使用与其他品牌或组织过于相似的元素。

　　步骤03 按【Enter】键确认，Midjourney 将依照所给的关键词生成相应的字母 LOGO，如图 7-3 所示。

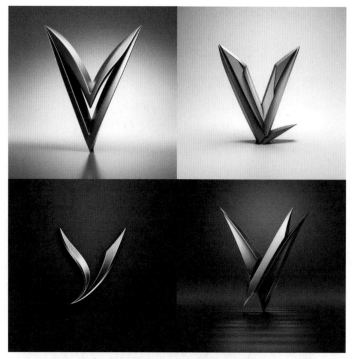

图 7-3　Midjourney 生成的 logo 效果

7.1.2　确定 LOGO 风格

扫码看教学视频

生成 LOGO 的主体后，我们可以为 LOGO 添加艺术风格，常
见的艺术风格包括极简主义风格、抽象主义风格、超现实主义风格
等。给 LOGO 添加艺术风格可以为品牌或组织的标志增添独特性和个性，增强
LOGO 的艺术性。

例如，在上一例关键词的基础上，增加一些极简主义风格的描述，然后使
用 stylize 参数控制风格化的程度，例如"minimalistic LOGO（极简主义风格的
LOGO）--stylize 10"，然后再次通过 Midjourney 生成图片，具体操作如下。

步骤 01 在 Midjourney 中通过 imagine 指令输入相应的关键词，如图 7-4 所示。

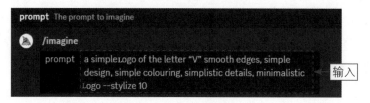

图 7-4　输入相应的关键词

步骤02 按【Enter】键确认，即可生成添加艺术风格关键词后的图片，效果
如图 7-5 所示。

图 7-5 添加艺术风格关键词后的图片效果

7.1.3 设定 LOGO 的色调

扫码看教学视频

给 LOGO 设定色调是一个非常重要的设计决策，选择合适的
色调可以帮助品牌在市场上建立识别度。当人们看到特定色调的
LOGO 时，会立即将其与特定品牌或组织联系起来，从而在竞争激烈的市场中区
分开来。

例如，在上一例关键词的基础上，增加一些色调的描述，例如"Silver and
blue, with a gray background（大意为：银色和蓝色，灰色背景）"，然后再次通
过 Midjourney 生成图片，具体操作如下。

步骤01 在 Midjourney 中通过 imagine 指令输入相应的关键词，如图 7-6 所示。

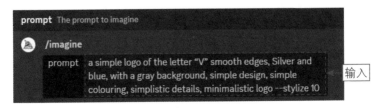

图 7-6 输入相应的关键词

步骤 02 按【Enter】键确认，即可生成添加色调关键词后的 LOGO 图片，效果如图 7-7 所示。

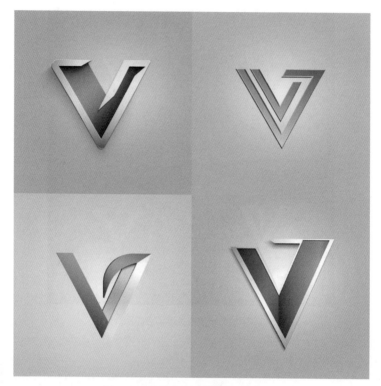

图 7-7　添加色调关键词后的图片效果

7.2　LOGO效果实例分析

在学习了以上知识点后，相信用户已经掌握了生成 LOGO 的操作方法，本节将继续介绍一些 LOGO 的效果实例分析，帮助大家认识不同类型的 LOGO 图片效果，希望用户能够在实战中灵活运用。

7.2.1　平面矢量 LOGO

平面矢量 LOGO 是一种扁平化的 LOGO 设计，以简洁、清晰、现代化的设计风格为特点来设计，效果如图 7-8 所示。这种风格的 LOGO 设计在近些年非常流行，通常用来设计品牌和商标标志，尤其是在需要多媒体传播和尺寸可变的情况下表现较为出色，保持了高质量和一致性。

图 7-8 平面矢量 LOGO 效果

总体而言，平面矢量 LOGO 是一种灵活、用途多且易于使用的 LOGO 形式，适用于各种品牌和标志设计。

7.2.2 复古型 LOGO

复古型的 LOGO 是一种富有怀旧氛围的经典风格的 LOGO 设计，复古型 LOGO 可能包含古典图案、花纹等装饰元素，如花草、树叶等，这些元素可以带来复古和艺术氛围，效果如图 7-9 所示。

图 7-9

图 7-9　复古型 LOGO 效果

7.2.3　现代高雅型 LOGO

　　现代高雅型 LOGO 是一种融合了现代设计风格，具有高雅感的品牌标志，通常以优雅、精致的方式呈现，表现出品牌高端、专业的时尚形象。通过精心选择的几何形状来表现品牌的核心价值和身份，效果如图 7-10 所示。

图 7-10　现代高雅型 LOGO 效果

　　高雅型 LOGO 呈现出了品牌的专业和优雅，使人们更倾向于信任品牌，是各种类型的品牌和企业所追求的理想标志风格。

7.2.4　霓虹效果 LOGO

　　霓虹效果 LOGO 是一种鲜明、夸张和充满活力的标志，灵感来源于霓虹灯管的亮丽效果。通过鲜艳的色彩和发光效果吸引目光，适用于各种年轻、时尚和娱乐相关的品牌和企业，如图 7-11 所示。这种风格常常用于夜间场景和与娱乐产业相关的品牌。

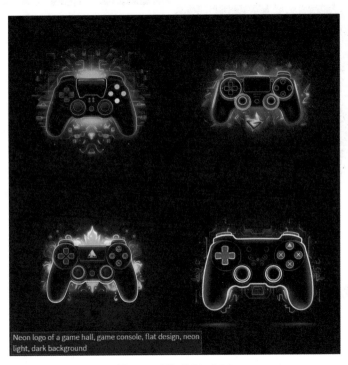

图 7-11　霓虹效果 LOGO

7.2.5　品牌形象 LOGO

　　品牌形象 LOGO 是一个品牌的核心标志，代表着该品牌的身份与个性，它是品牌形象传播的重要元素。品牌形象 LOGO 是品牌传播的核心，它应该具备独特性、简洁明了、可识别性和传递品牌价值的能力，帮助品牌在市场中建立品牌认知度，使消费者能够与品牌产生情感共鸣。

　　品牌形象 LOGO 通常具有简洁、明了的特点，以便于理解和识别，如图 7-12 所示。简单的设计有助于让受众更快记住和认知品牌。

图 7-12　品牌形象 LOGO

7.2.6　3D 效果 LOGO

3D 效果 LOGO 是指在设计中给予了标志三维视觉效果。通过透视、阴影和灯光效果，使得标志看起来更加立体，具有深度感，效果如图 7-13 所示。3D 效果 LOGO 通常能够给人强烈的视觉冲击力，吸引目光，特别适用于招牌、广告和产品包装。

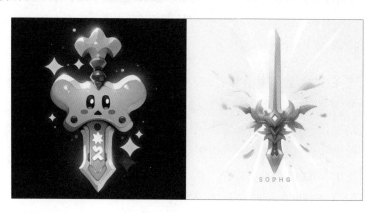

图 7-13　3D 效果 LOGO

※ 本章小结

本章主要向读者介绍了生成 LOGO 的步骤和 LOGO 效果实例分析，包括平面矢量 LOGO、复古型 LOGO、现代高雅型 LOGO、霓虹效果 LOGO、品牌形象 LOGO 及 3D 效果 LOGO。希望读者通过学习本章的知识，能够对 AI 功能的理解更进一步。

※ 课后习题

鉴于本章知识的重要性，为了帮助读者更好地掌握所学知识，本节将通过课后习题，帮助读者进行简单的知识回顾和补充。

1. 使用 AI 生成平面矢量 LOGO，如图 7-14 所示。

图 7-14　平面矢量 LOGO 效果

2. 使用 AI 生成霓虹效果 LOGO，如图 7-15 所示。

图 7-15　霓虹效果 LOGO

第 8 章　MJ＋漫画：绘制故事性动漫大片

　　AI 可以从多个不同的漫画作品中学习，以创造出多样化的风格和故事情节，为漫画创作带来了更多的创意和可能性，降低漫画创作的门槛，使更多的人有机会参与创作。本章将介绍 Midjourney 中 Nijijourney 插件的 3 种 style 模式和风格漫画实例分析。

8.1 Nijijourney的3种style模式

Nijijourney 是 Midjourney 官方推出的二次元风格图片模型，相较于
Midjourney，具有更强的二次元风格生成能力。本节向大家介绍 Nijijourney 中 3
种 style（风格）模式，让用户更快上手。

8.1.1 style cute（可爱风格模式）

使用 Nijijourney 中的 style cute（可爱风格模式）可以生成更加
可爱的漫画效果图，可爱的画面能够吸引更广泛的观众，使得漫画
更容易获得关注和喜爱，具体操作方法如下。

扫码看教学视频

步骤01 首先在 Midjourney 的输入框内输入 /，在弹出的列表框中，单击左
侧的 niji·journey Bot 图标，如图 8-1 所示。

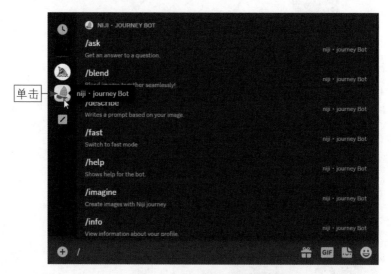

图 8-1 单击 niji·journey Bot 图标

步骤02 执行操作后，通过 imagine 指令输入相应的关键词，并在末尾处添
加 style cute 指令，如图 8-2 所示。

图 8-2 输入相应的关键词并添加指令

步骤03 按【Enter】键确认，即可生成 style cute 风格的漫画，效果如图 8-3 所示。

图 8-3　style cute 风格的漫画效果

　　下面是以普通模式生成的漫画和以 style cute 模式生成的漫画效果的对比。可以看到，相较于普通风格的漫画，style cute 风格漫画画面效果更可爱，如图 8-4 所示。

图 8-4　普通风格的漫画（左）和 style cute 风格的漫画（右）的效果对比

8.1.2 style expressive（立体感模式）

style expressive（立体感模式）可以提高整体画面的立体感，具有立体感的画面在视觉上能够为观众带来更加真实和生动的体验，效果如图 8-5 所示。

图 8-5 style expressive 风格的漫画效果

相较于普通风格的漫画，style expressive 风格的漫画更具有立体感，如图 8-6 所示。通过立体感的画面，观众能够更直观地感受到画面中人物或场景的情感状态。

图 8-6 普通风格的漫画（左）和 style expressive 风格的漫画（右）的效果对比

8.1.3　style scenic（风景加强模式）

style scenic（风景加强模式）可以增强漫画的风景效果，风景效果可以帮助创造出特定的氛围和场景，使读者更有身临其境的感觉。美丽的自然风景或城市景观都可以为漫画增色，提升整体画面的质感，效果如图 8-7 所示。

图 8-7　style scenic 风格的漫画效果

不同的风景可以展示不同的地域特色，从而使漫画效果更加立体和生动。精美的风景画面可以增加漫画的视觉美感，让漫画更加吸引人。

8.2 风格漫画实例分析

不同风格的漫画作品所呈现出的画面效果不同，漫画风格可以因为不同漫画家的个人风格、文化背景、受众群体和题材等因素而各异。本节向大家介绍5种不同的漫画风格，希望用户能够对所学知识更加熟悉。

8.2.1 新海诚风格漫画

新海诚（Makoto Shinkai）是一位日本著名的动画导演和漫画家，以其独特的画风和感人的故事情节而闻名。他的作品风格通常被称为"新海诚风格"，在动画和漫画界都拥有广泛的影响力，效果如图8-8所示

makoto shinkai style, Sky and starry sky, urban scenery, natural scenery, emotional transmission in static images, highly realistic backgrounds, street, hyper quality --ar 4:3

图 8-8　新海诚风格漫画

新海诚风格漫画中的背景通常具有高度写实的特点，他尤其擅长描绘各种自然景观，如美丽的城市风光、壮丽的日落和细腻的气氛。他对细节的关注和对色彩的巧妙运用，使得画面可以呈现出令人印象深刻的视觉效果。

8.2.2　皮克斯风格漫画

皮克斯风格的漫画角色常常具有简洁明快的线条，形象鲜明又不失可爱，能够很快地让观众产生亲切感。他的画面常常呈现出丰富多彩的背景，包括绚丽的色彩和细腻的纹理，效果如图 8-9 所示。

图 8-9　皮克斯风格漫画

皮克斯风格的漫画具有高度的细节表现和真实感，角色设计可爱生动，背景丰富多彩，这些元素共同构成了皮克斯风格漫画的独特魅力，让观众享受到独一无二的视觉震撼。

8.2.3 鸟山明风格漫画

鸟山明（Akira Toriyama）是一位著名的日本漫画家，在漫画界有着广泛的影响力。鸟山明通常采用简洁明快的线条，角色和物体的轮廓鲜明，使得画面显得干净利落，效果如图8-10所示。

Bird Mountain Ming style, man wearing a duck tongue cap, dynamic action scenes, dark background, simple and lively lines, unique character design, humorous and exaggerated expression --ar 8:5 --niji 5

图 8-10　鸟山明风格漫画

鸟山明风格的漫画对角色的动作和画面的黑白平衡都掌握得非常好，从画面中通过微小的细节传递出一些微妙的信息，使漫画角色具有很强的立体感。

8.2.4 美漫风格漫画

美漫风格的漫画通常运用鲜艳的色彩，使画面更具吸引力和活力。美漫风格的漫画常常包含超级英雄、科幻、幽默、冒险等多种题材，以及较为写实的角色形象和情节叙述。

美漫风格漫画强调具有动感的动作场面，通过画面的布局和构图表现出动作的力量和紧张感。美漫风格漫画通常强调写实的绘画风格，角色的肌肉线条、面部特征等细节被重点呈现，如图8-11所示。

图 8-11　美漫风格漫画

8.2.5　小清新风格漫画

小清新风格漫画在近年来较为常见，特别受年轻观众的喜爱。它给人一种简约而温馨的感觉，让人在繁忙的生活中找到一份宁静和慰藉。小清新风格漫画通常反映日常生活中的点滴细节，使观众拥有积极向上的情绪和正能量。

小清新风格漫画是一种以清新、简洁、淡雅为特点的漫画风格。它强调自然、轻松、舒适的氛围，通常以细腻的线条和柔和的色彩表现，给人一种温和、愉悦的感觉，如图 8-11 所示。

图 8-12　小清新风格漫画

※ 本章小结

　　本章主要向读者介绍了 Nijijourney 的 3 种 style 模式和风格漫画实例分析，包括 style cute、style expressive、style scenic、新海诚风格漫画、皮克斯风格漫画、鸟山明风格漫画、美漫风格漫画、小清新风格漫画。希望读者通过学习本章的知识，能够对 AI 功能的理解更进一步。

※ 课后习题

鉴于本章知识的重要性，为了帮助读者更好地掌握所学知识，本节将通过课后习题，帮助读者进行简单的知识回顾和补充。

1.使用 AI 生成新海诚风格漫画，效果如图 8-13 所示。

图 8-13　新海诚风格漫画效果

2.使用 AI 生成小清新风格漫画，效果如图 8-14 所示。

图 8-14　小清新风格漫画效果

第9章 MJ+游戏：独特的游戏设计

在游戏开发过程中，利用 AI 绘画可以生成游戏角色、场景特效、物品道具、3D 美术设计等，从而提高游戏开发人员的工作效率，提供更多的创作灵感。本章将介绍 AI 绘画助力游戏设计的操作方法。

9.1 使用Midjourney生成游戏角色

游戏角色是游戏的核心元素之一，一个优秀的游戏角色能够吸引更多玩家，传达故事和丰富游戏体验。本节向大家介绍使用 AI 功能生成不同种类游戏角色的操作方法，让用户对 AI 功能更加熟悉。

9.1.1 游戏角色原画

角色原画是指在游戏策划中对游戏角色进行设计，包括角色属性、配饰、服装等。一般情况下，角色原画的设计人员需要熟练掌握 Photoshop 软件、计算机绘图语言、色彩原理、光影知识等，而运用 AI 绘画工具可以快速生成角色原画，从而降低设计人员的工作难度。下面将介绍 AI 生成游戏角色原画的详细步骤。

扫码看教学视频

步骤01 在 ChatGPT 中输入提示词，如"你现在是一位 AI 绘画师，请提供一些生成角色原画的指令建议"，单击发送按钮▶，如图 9-1 所示。

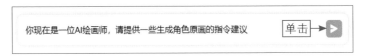

图 9-1　单击发送按钮

步骤02 稍等片刻，ChatGPT 会给出 AI 绘画指令建议，如图 9-2 所示。

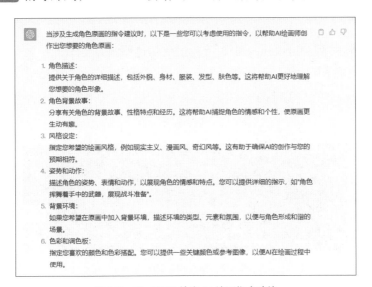

图 9-2　ChatGPT 给出 AI 绘画指令建议

步骤 03 让 ChatGPT 给出具体的 AI 绘画指令示例，在同一个 ChatGPT 的输入框中输入"请整合上述建议，提供一个角色原画的 AI 绘画指令示例，字数在50字以内"，ChatGPT 给出的 AI 绘画指令示例，如图 9-3 所示。

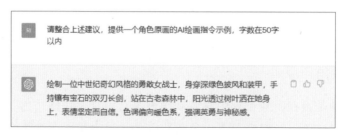

图 9-3　ChatGPT 给出的 AI 绘画指令示例

步骤 04 让 ChatGPT 为我们提供翻译帮助，如在其输入框中继续输入"请将这段 AI 绘画指令翻译为英文"，ChatGPT 给出的回复如图 9-4 所示。

图 9-4　ChatGPT 提供翻译帮助

当获得了有效的 AI 绘画指令之后，用户便可以将 ChatGPT 生成的英文绘画指令复制并粘贴至 Midjourney 中，等待生成角色原画。

步骤 05 在 Midjourney 中通过 imagine 指令输入 ChatGPT 提供的角色原画 AI 绘画指令，也就是关键词，并添加 --ar 9:19 指令，如图 9-5 所示，提出绘制图片的要求。

图 9-5　输入 AI 绘画关键词

步骤 06 按【Enter】键确认，即可依照关键词生成角色原画，如图 9-6 所示。

图 9-6　角色原画效果

9.1.2　游戏角色三视图

游戏角色的三视图是指对一个角色的物理外形进行完整、准确的展示，通常分为正视图、侧视图和后视图 3 个方向。这种展示方式可以帮助游戏开发人员、美术设计师和模型师更好地理解角色的外观，确保在游戏中的表现和设计保持一致。

扫码看教学视频

下面将介绍利用 AI 生成游戏角色三视图的详细步骤。

步骤01 在 Midjourney 中通过 imagine 指令输入相应的关键词，如图 9-7 所示。

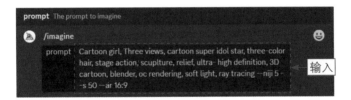

图 9-7　输入 AI 绘画关键词

步骤 02 按【Enter】键确认，即可生成游戏角色三视图，如图 9-8 所示。

图 9-8　游戏角色三视图效果

★ 专家提醒 ★

三视图是存在随机性的，当使用关键词"Three views（三视图）"生成的效果不太好时，可以加上更具体的描述："Three-view front view, side view and back view（三视图、正视图、侧视图和后视图）"，即可根据需求生成三视图。

9.1.3　3D 游戏角色

3D 游戏角色通常由模型师使用专业的 3D 建模软件创建，然后导入到游戏引擎中进行实际的游戏开发。而运用 AI 绘画工具可以快速生成角色的 3D 效果，从而降低设计人员的工作难度。下面将介绍使用 AI 生成 3D 游戏角色的详细步骤。

扫码看教学视频

步骤 01 在 Midjourney 中通过 imagine 指令输入描述角色主体的相应关键词，如图 9-9 所示。

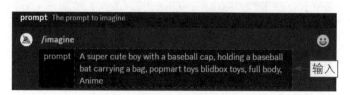

图 9-9　输入描述角色的关键词

步骤02 然后输入关于 3D 渲染的关键词，例如"3D artwork, C4D, blender, OC render, high detail（大意为：3D 艺术作品、C4D、搅拌机、OC 渲染、高细节）"，如图 9-10 所示。

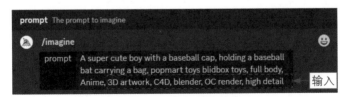

图 9-10　输入 3D 渲染的关键词

步骤03 最后输入光线和图像比例的关键词和指令，如图 9-11 所示。

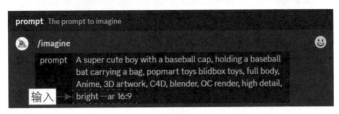

图 9-11　输入光线和图像比例的关键词和指令

步骤04 输入关键词后，按【Enter】键确认，即可生成 3D 游戏角色图片，如图 9-12 所示。

图 9-12　3D 游戏角色效果

9.1.4 像素风格游戏角色

像素风格的游戏角色是一种特殊的游戏角色，其外观以像素为基础，呈现出像素化的图像风格。像素风格的游戏角色具有简洁独特和像素化外观的特点。下面介绍使用 AI 生成像素风格游戏角色的详细步骤。

步骤 01 在 Midjourney 中通过 imagine 指令输入相应的关键词，如图 9-13 所示。

图 9-13 输入相应的关键词

步骤 02 按【Enter】键确认，即可生成像素风格游戏角色图片，如图 9-14 所示。

图 9-14 像素风格游戏角色效果（1）

步骤 03 在关键词后面添加权重指令，来提升像素关键词的权重，如图 9-15 所示。

图 9-15　在关键词后面添加权重指令

步骤04 执行操作后，按【Enter】键确认，即可生成效果更好的像素风格游戏角色图片，如图 9-16 所示。

图 9-16　像素风格游戏角色效果（2）

9.2　使用Midjourney生成游戏中的其他元素

游戏通常在娱乐、休闲或竞技的背景下进行，它包含大量的设计元素，包括游戏场景、物品道具及游戏特效。本节向大家介绍使用 AI 功能生成游戏中其他元素的操作方法，让用户加深知识的掌握。

9.2.1　生成游戏场景

游戏场景是指游戏中的环境，包括树木、建筑、天空、道路等元素。游戏场景是环境中不可缺少的部分，能够增加游戏玩家的游戏体验感，增强玩游戏的乐趣。下面将介绍利用 AI 生成游戏场景的详细步骤。

扫码看教学视频

步骤01 在 ChatGPT 中输入提示词，如"你现在是一位 AI 绘画师，请提供一些生成游戏场景的指令建议"，单击发送按钮，如图 9-17 所示。

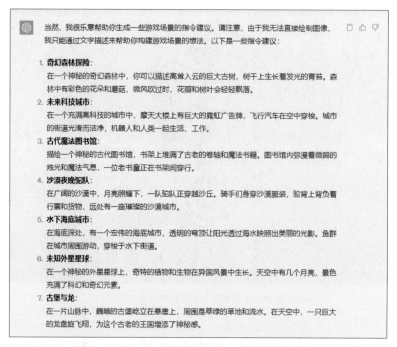

图 9-17　单击发送按钮

步骤02 稍等片刻，ChatGPT 会给出游戏场景的绘画关键词建议，如图 9-18 所示。

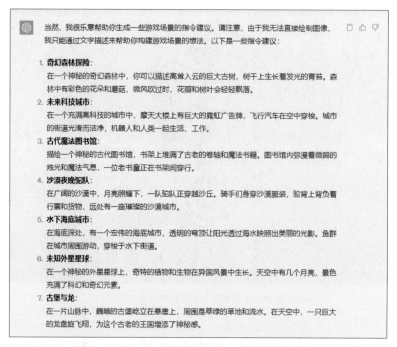

图 9-18　ChatGPT 给出游戏场景的 AI 绘画关键词建议

步骤03 根据 ChatGPT 给出的游戏场景主题，输入更加详细的需求描述，如"请整合'古代魔法图书馆'的场景描述，增加绘画细节，并控制字数在50字以内"，ChatGPT 会给出有效的 AI 绘画关键词，如图 9-19 所示。

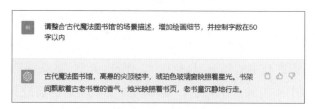

图 9-19　ChatGPT 给出有效的 AI 绘画关键词

步骤 04 让 ChatGPT 为我们提供翻译帮助，如在其输入框中继续输入"请将这段场景描述的 AI 绘画指令翻译为英文"，ChatGPT 给出的回复如图 9-20 所示。

图 9-20　ChatGPT 提供翻译帮助

步骤 05 在 Midjourney 中通过 imagine 指令输入 ChatGPT 提供的游戏场景 AI 绘画关键词，并添加 --ar 4:3 指令，如图 9-21 所示。

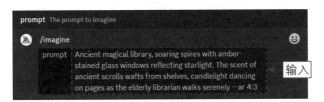

图 9-21　输入 AI 绘画指令

步骤 06 按【Enter】键确认，即可按照关键词生成游戏场景，效果如图 9-22 所示。

图 9-22　游戏场景效果

9.2.2 生成游戏道具

游戏道具是指在游戏中用于辅助游戏通关的工具，包括游戏角色的武器和游戏场景中的物品。用户运用 AI 工具可以快速地设计出游戏物品道具，将自己想要设计的物品道具描述为 AI 绘画指令，再将 AI 绘画指令输入至 Midjourney 中，便可以获得相应的物品道具图片。下面将介绍利用 AI 生成游戏道具的操作方法。

扫码看教学视频

步骤01 在 ChatGPT 中输入提示词，如"你现在是一位 AI 绘画师，请提供一些生成游戏中的物品道具的指令建议"，单击发送按钮▶，如图 9-23 所示。

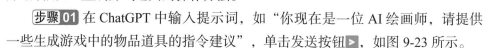

图 9-23　单击发送按钮

步骤02 稍等片刻，ChatGPT 会给出物品道具的 AI 绘画指令建议，如图 9-24 所示。可以看出，ChatGPT 给出了比较具体的物品道具的绘画指令示例。

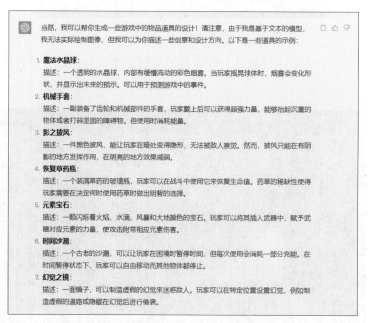

图 9-24　ChatGPT 给出物品道具的 AI 绘画指令建议

步骤03 选择其中一个物品的指令，让 ChatGPT 翻译成英文，如在同一个 ChatGPT 的输入框中输入"请根据以上的回答，将'元素宝石'的描述翻译为英文"，随后 ChatGPT 会提供翻译帮助，如图 9-25 所示。

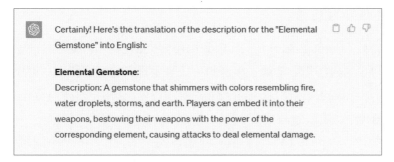

图 9-25　ChatGPT 提供翻译帮助

步骤 04 在 Midjourney 中通过 imagine 指令输入 ChatGPT 提供的物品道具 AI 绘画关键词，并添加 --ar 3:2 指令，如图 9-26 所示，提出绘制图片的要求。

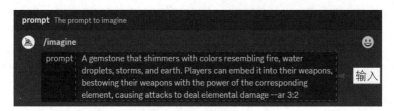

图 9-26　输入 AI 绘画关键词

步骤 05 按【Enter】键确认，即可生成游戏道具的效果图，如图 9-27 所示。

图 9-27　游戏道具效果图

9.2.3 生成游戏特效

游戏特效（Game Effects）是指游戏中用来增强视觉和听觉体验的感官元素。游戏特效可以通过图形、动画、声音等方式来呈现，它能够使用户更加沉浸于游戏世界，增加游戏的代入感。下面介绍4种游戏特效，让用户对游戏特效更加了解。

1. 粒子特效

粒子特效（Particle Effects）是一种通过模拟大量微小的图像元素（粒子）来呈现自然现象和动态效果的特效种类。使用粒子特效可以模拟自然现象，如火焰、烟雾、雨、雪等。粒子特效能够创造出华丽的画面，使游戏场景更加生动，如图9-28所示。

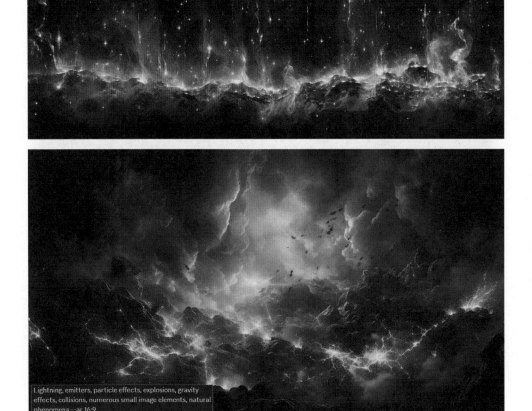

图9-28　粒子特效效果

2. 光影特效

光影特效（Lighting Effects）是一种通过调整光照、阴影和材质属性打造的特效种类，通过光照和阴影的调整，可以营造出不同的氛围和情感。例如，强烈的光束、晨昏光线、动态天气变化等。光影特效可以使游戏画面更加真实、生动，并且可以改变场景的整体外观，如图 9-29 所示。

Game scenes, sunlight, light and shadow effects, shadows, reflected light --ar 4:3

图 9-29　光影特效效果

★ 专家提醒 ★

调整天空、光照和颜色可以模拟不同的天气情况，如晴天、阴天、雨天等，从而影响整个场景的视觉效果。

3. 水面特效

水面特效在游戏中常用于模拟湖泊、河流、海洋等水域，为游戏场景增添了生动感和自然感。水面特效可以创造出逼真的水面，增加游戏场景的真实感，如图 9-30 所示。精细的水面特效能够使玩家更好地沉浸在游戏世界中，同时也对游戏画面的美观度有重要影响。

图 9-30　水面特效效果

4.烟雾特效

烟雾特效（Smoke Effects）是一种用于模拟烟雾、蒸汽或气体的特效种类。烟雾特效能够为游戏场景增添神秘感，通过调整烟雾颗粒的颜色和透明度，可以模拟不同类型的烟雾，如灰色、白色、黑色等烟雾特效，如图 9-31 所示。

图 9-31　烟雾特效效果

※ 本章小结

本章主要向读者介绍了 AI 绘画在游戏领域的应用，包括生成游戏角色、游戏场景、游戏道具及游戏特效，综合了 ChatGPT 和 Midjourney 两种 AI 工具的操作方法，帮助大家更加熟练掌握 AI 绘画。

※ 课后习题

鉴于本章知识的重要性，为了帮助读者更好地掌握所学知识，本节将通过课后习题，帮助读者进行简单的知识回顾和补充。

1. 使用 Midjourney 生成一张角色原画，效果如图 9-32 所示。

图 9-32　利用 AI 生成的角色原画

2. 使用 Midjourney 生成游戏的粒子特效，效果如图 9-33 所示。

图 9-33　利用 AI 生成的粒子特效效果

第 10 章　MJ+ 插画：绘制优美风格的插画

　　AI 绘画可以应用于插画设计。通过 AI，可以智能化生成各种类型的插画，呈现出独特的视觉效果和审美追求，从而拓宽艺术设计领域的创作维度，带来更多的可能性。本章将介绍利用 AI 生成插画的详细步骤。

10.1 使用Midjourney生成水墨风格的插画

水墨画是中国传统绘画的主要形式，以水、墨绘制而成，带有文雅、层次分明的艺术特征。用户通过 AI 技术能够快速地生成水墨风格的插画，本节将介绍利用 AI 绘制水墨插画的操作方法。

10.1.1 生成水墨风格插画的关键词

利用 AI 绘制水墨风格插画的第一步是通过 ChatGPT 生成相关的指令，也就是绘图用到的关键词，具体的操作方法如下。

扫码看教学视频

步骤01 在 ChatGPT 中输入提示词，如"你现在是一位 AI 绘画师，请提供一些生成水墨插画的指令建议"，ChatGPT 的回答如图 10-1 所示。

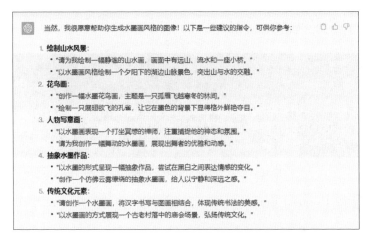

图 10-1 ChatGPT 给出水墨插画的 AI 绘画指令建议

步骤02 让 ChatGPT 给出明确的 AI 绘画指令示例，在 ChatGPT 中输入"请整合上述建议，提供绘制一幅山水风景水墨插画的 AI 绘画指令示例，要求写意、传神，字数在 50 字以内"，ChatGPT 给出的 AI 绘画指令示例，如图 10-2 所示。

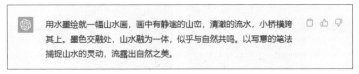

图 10-2 ChatGPT 给出山水风景水墨插画的 AI 绘画指令建议

步骤03 让 ChatGPT 为我们提供翻译帮助，在输入框中输入"请将上述回答翻译成英文"，随后 ChatGPT 给出英文翻译，如图 10-3 所示。

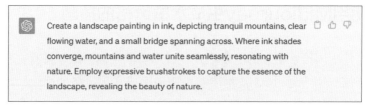

图 10-3　ChatGPT 给出英文翻译

10.1.2　等待水墨风格插画的生成

扫码看教学视频

利用 AI 生成水墨画的第二步骤是将 ChatGPT 生成的英文绘画关键词复制并粘贴至 Midjourney 中，进行图像绘制，具体的操作方法如下。

步骤 01 在 Midjourney 中通过 imagine 指令输入 ChatGPT 提供的利用 AI 绘制水墨画的关键词，如图 10-4 所示。

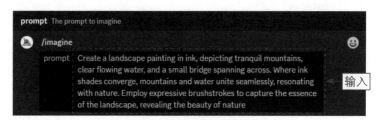

图 10-4　输入利用 AI 绘制水墨画的关键词

步骤 02 按【Enter】键确认，即可生成水墨风格的插画，如图 10-5 所示。

图 10-5　利用 AI 生成水墨风格的插画

10.1.3 优化水墨风格插画的细节

扫码看教学视频

当用户想要对 Midjourney 生成的水墨插画进一步优化时，可以通过添加指令的操作，例如改变图像比例和增加渲染程度，让 Midjourney 优化画面效果或重新响应指令生成绘画作品。下面将介绍运用 Midjourney 优化画作细节的操作方法。

步骤 01 在 Midjourney 中输入上一例的关键词，然后在上一例关键词的基础上添加指令 --ar 4:3 --q 2，如图 10-6 所示。

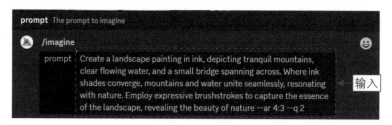

图 10-6　输入 AI 绘制水墨画的关键词并添加指令

步骤 02 按【Enter】键确认，即可依照指令重新生成相应的插画效果，修改插画的比例和渲染程度，如图 10-7 所示。

图 10-7　重新生成相应的插画效果

10.2　利用Midjourney生成油画风格的插画

油画是运用高饱和度的色彩来描绘人物、动物、植物等形态的艺术形式，分为再现客观的创造性作品和表现主观的创造性作品两大类。无论是哪类油画，都可以通过输入关键词，让 AI 进行绘制，从而为油画创作提供新的机遇。本节将介绍利用 AI 绘制油画风格插画的操作方法。

10.2.1　生成油画风格插画的关键词

扫码看教学视频

用户在编写油画的绘画指令时，同样可以运用 ChatGPT 生成指令，下面介绍具体的操作方法。

步骤 01 在 ChatGPT 中输入提示词，如"你现在是一位 AI 绘画师，请提供一些生成油画风格插画的指令建议"，ChatGPT 的回答如图 10-8 所示。

当然，我很愿意帮助你生成油画风格的插画！以下是一些建议的指令，可供你参考：

1. **静物油画：**
   - "请为我创作一幅静物油画，以一束鲜花和古董器皿为主题，注重色彩和光影的表现。"
   - "以油画风格描绘一碗水果，强调水果表面的光泽和质感。"
2. **风景油画：**
   - "以油画方式绘制一个日落下的海滩景色，将夕阳映照在海浪和沙滩上的效果表现出来。"
   - "创作一个油画风格的田园风景，画面中有翠绿的草地、远处的村舍和蓝天白云。"
3. **肖像油画：**
   - "请为我创作一张人物肖像油画，突出被画者的特点和情感，注意皮肤的质感和眼神的表现。"
   - "以油画形式绘制一个年长的渔民，突显岁月赋予他的坚毅和智慧。"
4. **抽象油画：**
   - "创作一个抽象的油画作品，运用大胆的色彩和笔触，传达出情感和内在的表达。"
   - "请为我绘制一幅流动的油画，利用颜料的流动和混合来表现动感和变化。"
5. **历史场景油画：**
   - "以油画方式呈现一个历史场景，如古罗马竞技场或文艺复兴时期的街景，重现当时的氛围和细节。"
   - "创作一个油画风格的古代战争场景，捕捉战士们的英勇和战斗的紧张氛围。"

在生成过程中，你可以进一步细化你的要求，比如调整色彩的明暗对比、笔触的粗细，甚至可以指定特定的元素和主题。油画风格有很大的表现空间，我会尽力生成你想要的油画风格插画。记得，每幅作品都有其独特的特点和情感，生成的插画也会有所差异。

图 10-8　ChatGPT 给出油画风格插画的 AI 绘画指令建议

步骤 02 让 ChatGPT 给出明确的 AI 绘画指令示例，如在同一个 ChatGPT 的输入框中输入"请结合上述建议，提供一幅静物油画的 AI 绘画指令示例，模仿梵高的绘画风格，字数在 50 字以内"，ChatGPT 给出的 AI 绘画指令示例如图 10-9 所示。

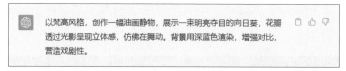

图 10-9　ChatGPT 给出的 AI 绘画指令建议

步骤 03 让 ChatGPT 为我们提供翻译帮助，如在其输入框中继续输入"请将上述回答翻译成英文"，ChatGPT 即给出英文翻译，如图 10-10 所示。

图 10-10　ChatGPT 给出英文翻译

10.2.2　等待油画风格插画的生成

用户将 ChatGPT 给出的油画指令复制并粘贴至 Midjourney 中，便可以获得油画风格的插画，具体的操作方法如下。

扫码看教学视频

步骤 01 在 Midjourney 中通过 imagine 指令输入 ChatGPT 提供的利用 AI 绘制油画风格插画的关键词，如图 10-11 所示。

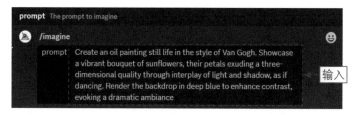

图 10-11　输入 AI 绘制油画风格插画的关键词

步骤 02 在关键词的后面添加指令 --ar 16:9，即可改变插画比例，如图 10-12 所示。

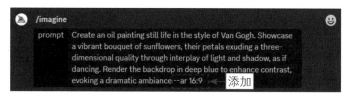

图 10-12　在关键词后面添加指令

步骤03 按【Enter】键确认，即可按照关键词生成油画风格的插画作品，效果如图 10-13 所示。

图 10-13　生成油画风格的插画

10.3　使用Midjourney生成其他风格的插画

通过学习以上两种风格插画的生成方法后，相信大家已经能够熟练掌握使用 Midjourney 生成插画的操作方法了。本节将继续向大家介绍其他风格的插画，让用户对 AI 插画更加熟悉。

10.3.1　扁平效果插画

扁平效果是一种艺术风格，特点是在画面中使用简化的、平面化的形状和颜色，以创造出整体的平面感和简洁的外观。这种风格通常避免使用过多的阴影、渐变或透视等元素，而是将物体呈现为平坦、有限的几何形状和鲜明的纯色或有限的色彩组合，如图 10-14 所示。

扁平效果的插画作品能够清晰地传达信息，同时具有现代感和生动性。在使用 AI 生成这种风格的插画时，可以添加关键词 "flattening, simple shape, flat design, minimalist style（大意为：扁平化，简约造型，平面设计，极简风格）"，使插画的效果更加出色。

landscape , illustration , flattening, simple shape, flat design, minimalist style --ar 16:9

图 10-14　风景类扁平效果的插画

10.3.2　国潮风格插画

　　国潮风格插画是指具有浓厚中国元素和现代风格的插画艺术作品，强调传统文化与当代审美的融合，通过描绘生动的情感和场景，让观众感受到浓厚的情感共鸣。国潮风格插画常常采用传统的题材、符号、图案等元素，通过现代的绘画技巧和表现手法进行重新演绎，创造出独特的视觉效果，如图 10-15 所示。

图 10-15　国潮风格插画效果（1）

　　国潮风格的插画作品中通常使用中国传统的文化符号、图案、节日元素等，采用饱和度较高的颜色，使作品充满活力和吸引力。在使用 AI 生成这种风格的插画时，可以添加关键词"Xiangyun, simple and colorful illustrations, colorful lines（大意为：祥云，简单多彩的插图，彩色线条）"，使插画的效果更加出色，如图 10-16 所示。

tibetan lion in the clouds art digital art, in the style of graffiti-inspired illustrations, fantastic grotesque, unique yokai illustrations, inventive character designs, gray and brown, vibrant murals, figura serpentinata --ar 3:4 --niji 5

图 10-16　国潮风格插画效果（2）

10.3.3　武侠风格插画

武侠风格插画是一种以古代武侠小说为灵感，呈现武功高强、剑术飞舞、英雄豪情等元素的艺术作品。这种风格通常用来描绘武士、剑客、侠客等角色在古代江湖中的冒险、战斗和情感，如图 10-17 所示。

图 10-17　武侠风格插画效果（1）

武侠风格的插画作品中常描绘武侠角色施展绝技和高难度的武打动作，插画强调动态感和角色的力量感。在使用 AI 生成这种风格的插画时，可以添加关键词"martial arts, ink painting, swordsman, ancient style（大意为：武侠，水墨，侠客，古风）"，使插画的效果更加出色，如图 10-18 所示。

图 10-18　武侠风格插画效果（2）

10.3.4　动物风格插画

动物风格插画是一种以动物为主题的艺术作品，将各种动物形象化、人格化或卡通化，通过插画的形式表现出来。这种插画风格可以在写实和卡通之间取得平衡，以创造出有趣、生动和富有表现力的动物形象，如图10-19所示。

图 10-19　动物风格插画效果

动物风格插画通常会将动物置于某种特定的场景中，或创作一个有趣的故事情节，增强插图的叙事性。在使用 AI 生成这种风格的插画时，可以添加关键词"animals, illustrations, themes, rich colors（大意为：动物、插图、主题、丰富的色彩）"，使插画的效果更加出色。

10.3.5　花卉风格插画

花卉风格插画是一种以各种花朵和植物为主题的艺术作品，通过插画的形式表现出花朵的多样性和生命力。这种插画风格可以在写实和抽象之间取得平衡，以创造出富有艺术性和生动感的花卉形象，如图 10-20 所示。

图 10-20　花卉风格插画效果

花卉风格的插画通常描绘花卉的细节，如花瓣、叶子、茎等，以展示其独特的形态和纹理。色彩丰富多样，强调花卉的鲜艳和生动，常常将花卉置于特定的背景或环境中，营造出与花卉主题相适应的氛围。

在插画中，可以将多种花卉组合在一起，创造出丰富的画面和视觉层次。在使用 AI 生成这种风格的插画时，可以添加关键词"animals, illustrations, themes, rich colors（大意为：动物、插图、主题、丰富的色彩）"，使插画的效果更加出色。

10.3.6　3D 效果插画

3D 效果插画是一种通过视觉技巧创造出立体感和深度感的艺术作品。这种插画使得图像看起来好像要跳脱出画面，具有真实的空间感和层次感，给人以立体的错觉，如图 10-21 所示。

图 10-21　3D 效果插画

在3D效果的插画中，通常会使用透视原理，通过线条和比例来表现远近关系，使画面具有逼真的空间感。在使用AI生成这种风格的插画时，可以添加关键词"3D art, soft lighting, high detail, concept art, ray tracing（大意为：3D艺术，柔和的灯光，高细节，概念艺术，光线追踪）"，使插画的效果更加出色。

10.3.7　CG 效果插画

CG 效果插画是一种以计算机生成（Computer Generated）技术为基础创作的插画，通常借助计算机软件和工具来绘制和渲染图像。这种插画风格涵盖了多种风格和表现方式，包括写实、卡通、抽象等，而其共同点在于使用计算机技术来生成图像，如图 10-22 所示。

图 10-22　CG 效果插画

CG 效果插画可以呈现多种风格，根据不同的需求可以切换写实、卡通、抽象等风格。在使用 AI 生成这种风格的插画时，可以添加关键词"realism, movies, complete details, medium to long shots（大意为：现实主义，电影，完整的细节，中长镜头）"，使插画的效果更加出色。

10.3.8　工笔画风格插画

工笔画风格插画是一种受到传统中国工笔画艺术影响的创作风格，强调精细的线条和细腻的色彩，常常用于描绘人物、花卉、鸟兽等主题。这种风格要求描绘准确、细致，注重对事物的精细观察和刻画，如图 10-23 所示。

图 10-23　工笔画风格插画效果（1）

　　工笔画风格强调对细节的描绘，可以看到画面中的微小元素。在使用 AI 生成这种风格的插画时，可以添加关键词"Fine brushwork, watercolor, traditional painting（大意为：工笔画，水彩，传统绘画）"，使插画的效果更加出色，如图 10-24 所示。

图 10-24　工笔画风格插画效果（2）

　　工笔画风格插画在艺术和设计中有独特的地位，可以传达出细腻、精致的感觉，同时也体现了对传统文化的尊重和创新。这种风格需要插画师具备绘画的精湛技巧和对细节的敏感观察力。如今使用 AI 绘画工具可以快速绘制出工笔画风格插画，大大减少了人力资源。

10.3.9　赛博朋克风格插画

　　赛博朋克风格插画是一种将赛博朋克文化元素融入插画中的艺术创作形式。赛博朋克是一种科幻次文化，通常描绘未来社会中高度发达的科技。赛博朋克风格插画常常呈现出高科技、夜幕下的城市、机械元素和未来派的视觉效果，如图 10-25 所示。

图 10-25　赛博朋克风格插画效果

赛博朋克风格插画中常出现各种高科技元素，通常以未来感极强的城市景观、高楼大厦、霓虹灯光、高速公路等为背景。在使用 AI 生成这种风格的插画时，可以添加关键词"cyberpunk, surreal style, neon（大意为：赛博朋克，超现实风格，霓虹）"，使插画的效果更加出色。

※ 本章小结

本章主要向读者介绍了使用 Midjourney 生成各种风格插画的相关知识，包括水墨风格插画、油画风格插画、扁平效果插画、国潮风格插画、武侠风格插画、动物风格插画、花卉风格插画、3D 效果插画、CG 效果插画、工笔画风格插画及赛博朋克风格插画。希望读者通过学习本章的知识，能够对 AI 功能的理解更进一步。

※ 课后习题

鉴于本章知识的重要性，为了帮助读者更好地掌握所学知识，本节将通过课后习题，帮助读者进行简单的知识回顾和补充。

1. 使用 AI 生成扁平效果插画，如图 10-26 所示。

2. 使用 AI 生成 3D 效果插画，如图 10-27 所示。

图 10-26　扁平效果插画

图 10-27　3D 效果插画

第 11 章　MJ+ 视频：制作无限变焦动画

　　利用人工智能（AI）技术可以创建、编辑或合成视频内容，而剪映是一款功能强大的视频编辑应用软件，它能够帮助用户轻松地创建出令人印象深刻的视频内容。本章主要介绍结合运用 Midjourney 和剪映制作无限变焦动画的操作方法，希望读者熟练掌握本章内容。

11.1 生成《无限变焦动画》的素材

使用 Midjourney 可以快速生成图像，并且进行无限缩放。我们可以使用 Midjourney 生成制作动画需要用到的素材，本节将介绍使用 AI 生成《无限变焦动画》素材的操作方法。

11.1.1 设置 Midjourney 的版本号

扫码看教学视频

在生成素材之前，首先我们要设置 Midjourney 的版本号，将版本设置为 5.2 才能使用缩放功能，具体的操作方法如下。

步骤01 在 Midjourney 下面的输入框内输入 /，在弹出的列表框中选择 settings 指令，如图 11-1 所示。

图 11-1 选择 settings 指令

步骤02 随后，Midjourney 将打开设置面板，单击下拉按钮，如图 11-2 所示。

图 11-2 单击下拉按钮

步骤03 在弹出的下拉列表框中，选择"Midjourney Model V5.2"选项，如图 11-3 所示。

图 11-3　选择"Midjourney Model V5.2"选项

11.1.2　生成图片素材

扫码看教学视频

在设置 Midjourney 的版本号后，接下来就可以生成素材了。使用 Midjourney 生成一张人像素材，具体操作如下。

步骤01 在 Midjourney 中调用 imagine 指令，在输入框内输入相应的关键词，如图 11-4 所示。

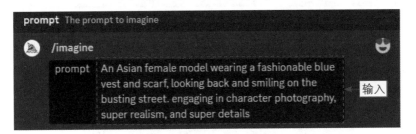

图 11-4　输入相应的关键词

步骤02 在关键词末尾添加指令 --ar 4:3，设置图像的比例，如图 11-5 所示。

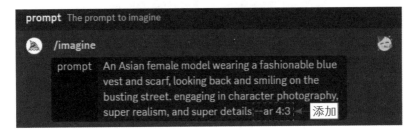

图 11-5　添加 --ar 4:3 指令

193

步骤 03 按【Enter】键确认，即可生成人像素材，如图 11-6 所示。

图 11-6 生成人像素材

步骤 04 在生成的 4 张图片中选择其中一张进行放大，这里选择第 1 张，单击 U1 按钮，如图 11-7 所示。

图 11-7 单击 U1 按钮

步骤 05 执行操作后，Midjourney 将在第 1 张图片的基础上进行更加精细的刻画，并放大图片，效果如图 11-8 所示。

图 11-8　图片放大效果

11.1.3　缩放图片

在生成合适的图片素材后，使用 Zoom Out 功能将图片素材进行
缩小操作，具体操作如下。

扫码看教学视频

步骤 01 在生成的图片素材下方单击 Zoom Out 2x 按钮，如图 11-9 所示。

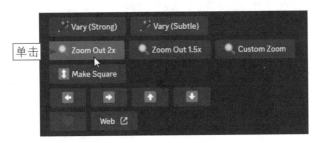

图 11-9　单击"Zoom Out 2x"按钮

步骤 02 随后 Midjourney 将在原图的基础上，将画面缩放至 2 倍大小，并生
成 4 张图片，如图 11-10 所示。

图 11-10　将画面缩放 2 倍后生成的 4 张图片

步骤 03 选择其中合适的一张图片进行放大，然后继续单击 Zoom Out 2x 按钮将图片缩放 2 倍，效果如图 11-11 所示。

图 11-11　第二次进行画面缩放生成的 4 张图片

11.1.4　进行场景转换

扫码看教学视频

使用 Custom Zoom（自定义缩放）功能可以自定义缩放图片，本节用该功能对图像进行多次缩放，然后进行场景转换，具体操作如下。

步骤01 重复进行多次缩放操作，然后选择其中合适的一张图片进行放大，单击 Custom Zoom 按钮，如图 11-12 所示。

图 11-12　单击 Custom Zoom 按钮

步骤02 执行操作后，弹出 Zoom Out 对话框，将原来的关键词删除，然后输入新的关键词 "The lens frame of a camera --ar 4:3 --zoom 2（照相机的镜头架）"，如图 11-13 所示。

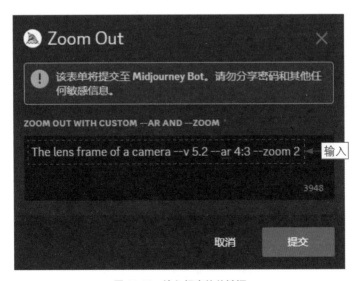

图 11-13　输入相应的关键词

步骤03 单击"提交"按钮，即可对图片进行缩放，效果如图 11-14 所示。

图 11-14　依照关键词进行缩放

★ 专家提醒 ★

需要注意的是，在 Zoom Out 对话框中删除原来的关键词并不会影响原来的画面，重新填写的关键词生成的是放大扩充的区域。

步骤 04 单击 Zoom Out 2x 按钮继续进行缩放，然后单击 U3 按钮，如图 11-15 所示，放大第 3 张图片。

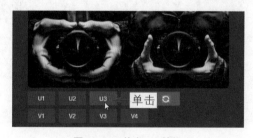

图 11-15　单击 U3 按钮

步骤 05 将图片放大后，再次单击 Zoom Out 2x 按钮，继续对图片进行缩放操作，效果如图 11-16 所示。

图 11-16　缩放图片

步骤06 继续缩放图片，直到展现出背景，效果如图 11-17 所示。

图 11-17　继续缩放图片

步骤07 重复上述操作，继续缩放图片，直至看不清原图为止，最终效果如图 11-18 所示。

图 11-18　缩放图片最终效果

★ 专家提醒 ★

用户可以根据需求进行多次缩放操作，然后保存放大后的图片，以便后续制作视频时使用。

11.2　使用剪映制作《无限变焦动画》

剪映可以将多个不同的视频或图片合并在一起，应用各种特效和滤镜改变视频的视觉效果，使其更具吸引力，制作出一个完整的影片。本节将介绍使用剪映制作《无限变焦动画》的操作方法。

11.2.1　导入图片素材

使用 Midjourney 生成所需要的素材后，将其保存下来，然后使用剪映进行剪辑操作，下面介绍具体操作。

扫码看教学视频

步骤 01 打开剪映，单击"开始创作"按钮，如图 11-19 所示。

步骤02 执行操作后，进入剪映的操作界面，然后单击"导入"按钮，如图 11-20 所示。

图 11-19　单击"开始创作"按钮

图 11-20　单击"导入"按钮

步骤03 弹出"请选择媒体资源"对话框，选择上一节用 Midjourney 生成的图片素材，然后单击"打开"按钮，如图 11-21 所示。

步骤04 执行操作后，即可导入图片素材，如图 11-22 所示。

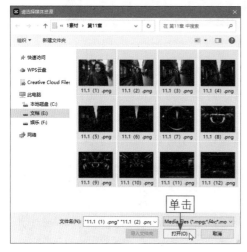

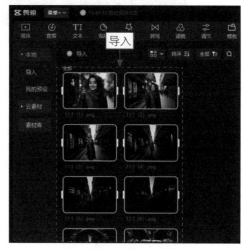

图 11-21　单击"打开"按钮

图 11-22　导入图片素材

11.2.2　添加关键帧

将导入的图片素材添加到视频轨道中，调整视频的时长，然后设置视频关键帧，具体操作如下。

扫码看教学视频

步骤01 在图片素材的右下角单击"添加到轨道"按钮 ，将其添加到视频轨道中，如图 11-23 所示。

图 11-23　单击"添加到轨道"按钮

步骤 02 执行操作后，在视频轨道中将所有图片的时长都调整为 1 秒，如图 11-24 所示。

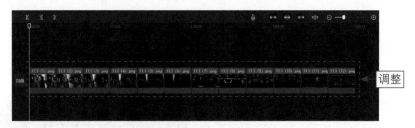

图 11-24　调整图片的时长

步骤 03 单击第 1 张图片素材，将时间轴拖曳至起始位置，然后在界面右上角单击"添加关键帧"按钮■，并将"缩放"值调整为 210%，如图 11-25 所示。

步骤 04 将时间轴拖曳至第 1 个图片素材的结束位置，然后在界面右上角单击"添加关键帧"按钮■，并将"缩放"值调整为 105%，如图 11-26 所示。

图 11-25　添加关键帧并调整缩放值（1）

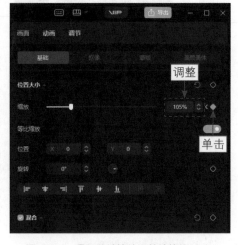

图 11-26　添加关键帧并调整缩放值（2）

★ 专家提醒 ★

　　每张图片都是基于两倍大小来进行缩放的，在 200% 的基础上添加 10% 可以让画面衔接得更加平滑流畅。

步骤 05 用与上面相同的方法，在每张图片素材的前后都添加一个关键帧，并调整缩放值，如图 11-27 所示。

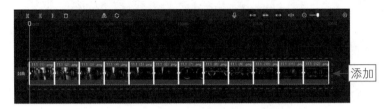

图 11-27　在每张图片的前后都添加一个关键帧

11.2.3　为视频添加背景音乐

　　将视频编辑完成后，接下来可以为视频添加一首合适的背景音乐，背景音乐的节奏可以与视频的节奏相协调，使整体观感更加流畅。它可以调整视频的节奏，让观众感到更舒适和愉悦，使视频效果更加出色，下面介绍具体操作。

扫码看教学视频

步骤 01 单击"音频"按钮，切换至"音频"功能区，如图 11-28 所示。

步骤 02 在"音乐素材"选项卡中，选择一首合适的音乐作为视频的背景音乐，单击"添加到轨道"按钮，如图 11-29 所示。

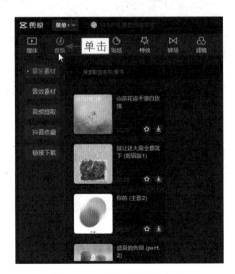

图 11-28　单击"音频"按钮

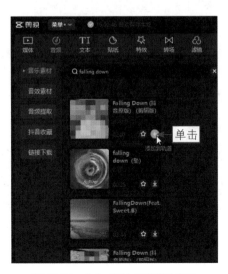

图 11-29　单击"添加到轨道"按钮

步骤 03 执行操作后，即可为视频添加背景音乐。在音频轨道上调整背景音乐的时长，将音乐时长调整至与视频时长一致，如图11-30所示。

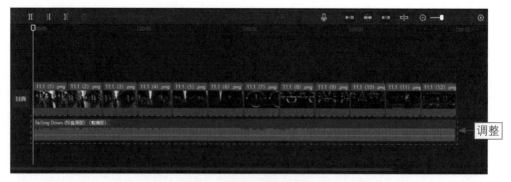

调整

图11-30　调整背景音乐时长

步骤 04 单击播放按钮▶，预览视频效果，如图11-31所示。

图11-31　预览《无限变焦动画》视频效果

11.2.4 将视频导出

完成视频的制作后，接下来将视频导出，只需单击"导出"按钮，即可将视频导出至合适的位置，下面介绍具体的操作。

扫码看教学视频

步骤 01 单击界面右上角的"导出"按钮，将视频导出，如图 11-32 所示。

图 11-32 单击"导出"按钮

步骤 02 弹出"导出"对话框，单击导出路径按钮▢，如图 11-33 所示。

步骤 03 弹出"请选择导出路径"对话框，选择合适的导出路径，然后单击"选择文件夹"按钮，如图 11-34 所示。

图 11-33 单击相应的按钮

图 11-34 单击"选择文件夹"按钮

步骤04 在"视频导出"选项区中，单击"分辨率"选项右侧的下拉按钮，在弹出的下拉列表框中选择720P选项，如图11-35所示。该操作是为了降低视频的分辨率，减少视频的占用内存。

步骤05 执行操作后，在对话框的右下角单击"导出"按钮，如图11-36所示，即可将视频进行导出，等待进度条加载完毕，即可成功导出视频。

图11-35　选择720P选项　　　　　　　　图11-36　单击"导出"按钮

★ 专家提醒 ★

在默认情况下，"导出"对话框中的"音频导出"复选框和"字幕导出"复选框处于选中状态，如果用户不需要导出音频文件和字幕文件，可以取消选中这两个复选框。

※ 本章小结

本章主要向读者介绍了使用Midjourney和剪映制作《无限变焦动画》的操作方法，包括设置Midjourney版本号、生成图片素材、缩放图片、进行场景转换、导入图片素材、添加关键帧、为视频添加背景音乐、将视频导出。希望读者通过学习本章的知识，能够熟练掌握生成该动画效果的操作方法。